8 地质灾害

科普通鉴

丛 书 主 编　李建中
丛书副主编　谈朗玉　李大东　张令朝
本 卷 主 编　裴宗厂

KEPU TONGJIAN
DIZHI ZAIHAI

中国科学技术出版社
河南科学技术出版社

图书在版编目（CIP）数据

地质灾害/裴宗厂主编.—郑州：河南科学技术出版社，2013.10
（科普通鉴/李建中主编）
ISBN 978-7-5349-6589-0

Ⅰ.①地… Ⅱ.①裴… Ⅲ.①地质灾害 Ⅳ.①P694

中国版本图书馆CIP数据核字（2013）第228431号

出版发行：中国科学技术出版社
地址：北京市海淀区中关村南大街16号　邮编：100081
电话：（010）62106522
网址：www.cspbooks.com.cn
河南科学技术出版社
地址：郑州市经五路66号　邮编：450002
电话：（0371）65737028
网址：www.hnstp.cn
策划编辑：李喜婷　冯　英
统筹编辑：尚伟民　蒋云鹏　徐　涛
责任编辑：朱江涛
责任校对：柯　姣
封面设计：赵　钧
版式设计：赵玉霞
责任印制：朱　飞
印　　刷：郑州金秋彩色印务有限公司
经　　销：全国新华书店
幅面尺寸：185 mm×260 mm　印张：14.5　字数：240千字　彩插：4
版　　次：2013年10月第1版　2013年10月第1次印刷
定　　价：32.00元

《科普通鉴》丛书

主　编　李建中

副主编　谈朗玉　李大东　张令朝

《科普通鉴·地质灾害》编委会

序

科技是人类智慧的伟大结晶，创新是文明进步的不竭动力。

回首文明历程，是科技之光涤荡了人类历史上蒙昧的阴霾，是科技之火点燃了人类心灵里求知的火焰，是科技之灯照亮了人类发展中光辉的前程。科学技术的每一次重大突破，每一项发明创造的诞生，都使人类对客观世界的认识发生质的飞跃，都使人类改造世界的能力得到革命性的提升。18 世纪后的几百年，是科学技术突飞猛进的历史时期。数学、物理、化学、天文学、地学和生物学等各个领域的研究均取得了空前成就，并引发了一次又一次重大理论革命，其中，最具划时代意义的莫过于牛顿力学、相对论和量子力学的创立。与此同时，深刻改变人类生存状态和生产、生活方式的发明创造也纷纷问世。在不计其数的发明、发现中，蒸汽机、电话、火车、汽车、医用 X 光片、青霉素、DNA 双螺旋结构、火箭、阿波罗 10 号太空舱、计算机等无疑是改变世界的重大发明、发现与创造。

放眼新的世纪，科技已经成为推动经济社会快速发展的主导力量和创造社会财富的主要源泉，成为国家间、区域间竞争的核心和推动未来发展的决定性力量。为了在竞争中取得优势地位，各国、各地区，特别是发达国家及地区都高度重视科技创新和发展。在此背景下，全球创新浪潮此起彼伏，科技发展日新月异，创新成果大量涌现。人类基因组序列图完成、细胞重新编程技术、人类最早祖先确定、宇宙存在暗物质的猜想被证实、干细胞研究的新进展、纳米技术研究的新突破、欧洲强子对撞机启动、人类探测器创最远纪录和七大数学难题之一——庞加莱猜想被证明等被认为是近十年来取得的最具科学价值，并可能对人类生存与发展产生重大影响的重大科技成就。

在人类文明的历史长河中，科学技术虽然得到了空前发展，取得了辉煌成就，但在前进的道路上依然有无数难题等待我们去破解，众多未知世界等待我们去认识。随着人口数量的急剧增加，自然资源的逐渐枯竭和生态环境的日益恶化，人类正面临前所未有的生存挑战和危机。毫无疑问，应对挑战、解决危机，只有依靠科技的不断创新与发展。在可以预见的未来，为了拓展生存空间，提高生存质量，必将掀起一场以信息科技革命为先导、新材料科技为基础、生命科技为核心、新能源科技为动力、海洋科技和航天科技为内拓和外延的新的科技创新浪潮。伴随新一轮科技创新浪潮的到来，新的发明创造也必将与日俱增。有科学家预言，未来百年，人体器官克隆再造、灭绝动物复活、战胜癌症、建造星际飞船和太空电梯等梦想可能变为现实。

当前，亿万中华儿女正在为实现中华民族伟大复兴的“中国梦”而努力奋斗。实现这一百年梦想，关键在于弘扬创新精神，增强创新能力，加快创新步伐，让科技之花在创新中萌芽，在创新中成长，在创新中绽放。

发达国家的经验昭示我们，加快科技创新，提高科技水平，既要依靠科技精英们的刻苦攻关，发明创造，也有赖于公民科学素质的普遍提高。有调查显示，我国公民的科学素质水平较发达国家差距甚大，与走中国特色的自主创新之路、建设创新型国家的要求相去甚远。为尽快提升我国公民的科学素质水平，从2006年起我国启动了旨在推动公民科学素质建设的全民科学素质行动计划，希望到2020年，公民科学素质在整体上有大幅度提高，达到世界主要发达国家21世纪初的水平。

科普图书是展示科学技术的重要窗口，是普及科技知识的重要载体，也是传播科技文明的重要途径。国内外都十分重视科普图书的创作出版。在琳琅满目的科普图书作品中，不乏影响深远的精品力作。这些作品为传播科技文明、普及科学知识做出了历史性贡献。时代在进步，科技在发展。紧跟时代步伐，把握科技动态，繁荣科普创作，不断创作出版符合时代特点、反映当代科技发展水平的科普图书精品，不仅是加强公民科学素质建设，提升公民科学素质的迫切要求，也是科技界有识之士的共同心声。

科学技术协会是新中国科普事业的主要开创者和推动者。在开展公民科学素质建设，提高公民科学素质水平的历史进程中，肩负着重要责任和神圣使命。我们组织编写的这部《科普通鉴》丛书既是履行“责任”和“使命”，也是对科技界有识之士呼声的积极响应。

20世纪中叶以来，科学技术进入了多科交叉、互为渗透、综合发展的历史时期，形成了学科林立、知识纷繁的新格局。面对浩如烟海的科学世界，如何确定这部书的编写原则和选题范围是应当首先解决的问题。经与有关专家学者反复研究论证，我们确定了“通览科技文明，鉴取创新精粹”的编写原则，并确定从理、工、农、医和高新科技五大领域中选取26个公众关注度较高的热点选题，按26卷组织编写这部丛书。

面向具有中等以上文化程度的青少年、农民、城镇劳动者、城市社区居民、领导干部和公务员等重点人群，弘扬科学精神，传播科学思想，倡导科学方法，普及科学知识是编写本书的出发点和根本目的。考虑到读者对象年龄、职业、身份的多样性和对知识需求的差异性，本书着重介绍具有基础性、通用性、新颖性和前瞻性的知识，读者可以根据自己的需求或兴趣进行阅读；在阐述方法上尽可能做到重点突出，脉络清晰，尽可能融入人文精神，体现人文情怀，避免科技知识的简单介绍和罗列；在语言风格上力求文笔流畅，深入浅出，生动活泼，雅俗共赏，以达引人入胜的效果。

选择高水平的主编是编好这部丛书的关键。为此，我们发挥科学技术协会学会众多，学科齐全，人才荟萃，联系广泛的优势，面向省内外征集各卷主编候选人。最后经全面比较，优中选优，确定了各卷主编人选，为本书的编写出版奠定了坚实基础。在此我们谨向为本书主编遴选、编写、出版给予大力支持的河南省医学会、气象学会、农学会、地理学会、地震学会、地质学会、机械工程学会、反邪教协会和省气象局、郑州大学、河南大学、河南农业大学、河南工业大学、河南科技大学、河南中医学院、河南科技学院、河南轻工业学院、《太空探索》杂志社、河南科技报社、河南科技活动中心、中国科学技术出版社、河南科学技术出版社等学（协）会和单位表示诚挚的感谢！

作为一部多达26卷的大型科普丛书，其涉及领域广，学科多。在内容上为了尽可能避免交叉重复或矛盾冲突，在体例和语言风格上为了尽可能保持相对统一，我们制订了较为详细的编写方案，对各卷的内容范围和全书的体例风格做了必要界定和规范。但是，由于我们学识水平有限，统筹协调不够，编写时间仓促，加之一些担任主编的同志是首次承担科普类作品的编写任务，缺乏相应经验，所以，虽然付出了大量心血，个别卷仍然存在内容取舍不够得当，语言风格不够生动活泼等问题。这些缺憾，我们将在再版重印时加以修订改进。诚恳希望广大读者对本丛书的修订改进提出宝贵意见和建议，以便再版时提高质量。

河南省科学技术协会主席、党组书记　李建中

2013年6月

目　录

引言

2012年8月16日，为了纪念《中华人民共和国科学技术普及法》颁布实施10周年，也为大力推进《全民科学素质行动计划纲要》深入实施，河南省科学技术协会召开科普丛书编著工作会议，动员河南省科学技术协会的各学会、部门、专家共同编著出版涵盖理工农医和高新技术等几大学科的大型综合性科普丛书。与会的专家学者就该套丛书的编著出版方案进行了深入讨论，达成了广泛共识。这次会议的召开，标志着这项巨大的科普系统工程正式启动。

根据会议分工，结合行业特点，河南省地震学会承担了该丛书第八卷《地质灾害》一书的编写工作。

地球演化过程创造了人类，哺育了人类，给人类的生存发展提供了条件。与此同时，地球的发展演化也给人类带来无数的灾难。自古以来，人类为了生存，与自然灾害进行了艰苦卓绝的斗争，并在与自然灾害的斗争中学会了生存和发展，因而人类的历史也可以说是一部与灾害斗争的历史。

我国地域辽阔，地质条件和地理条件十分复杂，从而决定了我国是一个地质灾害多发国家，地质灾害种类多、分布广、影响大。特别是近些年来，地质灾害发生的次数明显增多，各种灾害类型明显增加，分布面积不断扩大，地质灾害（除地震）所造成的直接经济损失至少占各种自然灾害总损失的四分之一，每年造成的人员伤亡数以千计。造成地质灾害越来越严重的原因是多方面的，地质作用的周期性变化和全球环境、气候条件的变化是十分重要的。但也需要我们深刻认识到，人类违背自然规律进行经济生产活动对地质环境的破坏，加剧了地质灾害的发生与发展，全国50%以上的地质灾害的发生与人类活动有关。地质灾害已成为制约经济和社会发展的重要因素之一。因此，在全面建设小康社会中，贯彻落实“以防为主、防治结合”的方针，保持生态平衡，普及地质灾害防治知识，增强社会公众保护地质环境、建设生态文明的意识，已成为我们面临的一项十分紧迫的任务。

这本书的内容不仅涉及地球自身的灾变，如火山爆发、地震以及由此产生的次生灾害，还涉及由于人类活动在创造物质财富的同时，破坏了地球的生态平衡，加剧了地质灾害的频发，使人们生存与发展面临巨大的威胁。要想把这些灾害链的因果关系写深说透，提高人们建设生态文明的意识，不仅要有一定的地球物理、地震地质、土壤学、生态学、气象学等方面的理论知识，还要有大量的灾害事例、成功的防灾减灾范例作支撑。为此，我们在编写过程中搜集参考了大量的图书资料。虽然不能一一列出资料的出处、作者的姓名，但正是他们的付出，才成就了这本书。河南省地震学会理事长刘尧兴研究员，自始至终关心这本书的编写，多次听取汇报，审阅书稿，给予了多方面的具体指导。河南省地质博物馆馆长蒲含勇研究员、河南省地质环境监测院副院长甄习春总工程师，审阅书稿，提出了许多宝贵的意见和建议。在此，我们一并表示衷心的感谢！

鉴于这本书涉及的地域广、灾害种类多，加之编者水平有限，难免存在许多不足之处，敬请读者批评指正。

1 中国人民与地质灾害的抗争史

我国历史悠久，灾害众多。中华民族在与各种自然灾害的斗争中，推进了社会的发展和民族的繁荣，在人类的防灾减灾史上留下了辉煌的一页。早在公元前2000年就有大禹治水，公元前1000年前的殷商甲骨文中已有对灾害的记录，至春秋战国时期，我国人民不仅对灾害有了众多的记录，而且还从多方面对灾害发生的规律和防灾措施进行了研究。建于战国时期的都江堰水利工程，迄今被国内外专家视为防灾减灾的典范，在经历了2008年汶川8.0级特大地震后，它安然无恙。

1.1 中国历史与地质灾害

我国众多的历史文献记载，使我们从灾害的角度看到了一部中华民族与自然抗争的历史。从史前灾害到现代灾害的历史进程，揭示了灾害毁坏文明，同时也锻造文明的真理。

1.1.1 宋前时期的地质灾害

(1) 先秦时期

由于历史发展阶段不同，地质灾害的史料的详略差异也非常大。西周以前的灾害记录主要保存在先秦典籍中的上古传说和记载中，而且是分散的、零星的。

较早地质灾害的史料共4条，即：黄帝轩辕氏一百年，地裂，帝陡（《竹书纪年》）；帝舜之时，三苗将亡，天雨血，夏有冰，地拆及泉（《竹书纪年》）；夏帝桀三十年瞿山崩，三十一年末社坼裂，为汤所灭（《古本竹书纪年辑校》）；商帝辛四十三年，峣山崩（《今本竹书纪疏证》）。这几条都表明了天人感应的思想，并用以解释这些地质灾害的作用，即与当时的帝王或部落首领休戚相关。在他们被推翻之前，都有山崩川竭的记载。

在《国语·周语》中，国史官伯阳父关于周幽王二年（公元前780年）地震的解释表达得非常清楚：周幽王二年，西周三川皆震。伯阳父曰：周将亡矣。夫天地之气，不失其序，若失其序，民乱之也。阳状而不能出，阴迫不能烝，于是有地震。今三川实震，是阳夫其所镇阴也。阳失而在阴，川源必塞，源塞，国必亡。夫水土演而民用也，水土无所演，民乏财用，不亡何待，昔伊洛竭而夏亡，河竭而商亡，今周德不若二代之季矣，其川源又塞，塞必竭。夫国必依山川，山崩川竭，亡之征也。川竭，山必崩。若国亡，不过十年，数之纪也。夫天之所弃，还过其纪。《国语·周语》的作者用史实证明伯阳父的解释的正确性：是岁也，三川竭，岐山崩，十一年，幽王乃亡，周乃东迁。

这一史料已摆脱了传说的模式，进入了文字记载阶段。它为我们提供了山崩、山竭的具体时间和地点（时间是周幽王二年，地点是三川和岐山）。这次地质灾变自那时直至19世纪末现代地质科学引入中国以前，便成了我国历代学者对相同事件的经典解释。

以上有关地质灾害的史料，没有记载灾害对当时生产的破坏情况、人员伤亡的数字等，所以无法估计当时灾害的破坏程度。至于这些地质灾害的地点，史学家一般认为可能发生在这些王朝的京师及其附近地带。如西周的三川和岐山就在西周京师（镐京）所在的渭水流域。黄帝邑于涿鹿之阿，在今河北宣化东南。舜都于简坂，在今山西永济西南。夏桀曾居斟鄩，在今河南偃师市南；帝辛都朝歌，在今河南淇县；瞿山也有人认为在今河南省的遂平县，因为该县为古瞿阳城。从这些史料记载来看，沿黄河两岸地区一直是地质灾害比较频发的地区。

东周以后（春秋战国时期），关于山崩、地拆等地质灾害事件的记载，在时间和地点方面比西周以前准确一些，但由于记载文字的简略，有些地名至汉代已不可考。这个时期的地质灾害记载共有8条，其中3条讲山崩，1条讲黄河岸崩，3条讲地裂，1条讲石行（滑坡）。公元前295年山东滨海（齐东）的石行，应该是我国沿海边岸的一次滑坡现象，滑距达到入海数百步，也是较为罕见的地质灾害。

（2）西汉时期

汉代有400余年的历史，典籍对地质灾害的记载较此前有了改进，特别是记述了灾害对社会和人民所造成的损失，这对于我们估计当时的灾害程度，具有重要意义。

自西汉建国至灭亡共230年，有关地质灾害的史料仅10条，记述山崩的有7条，其中5次山崩都是由地震引起的。从对山崩的描述看，公元前186年的武都山崩，似乎是一次较强地震引起的。发生在西汉的武都郡治（今甘肃成县西）的山崩造成760人死亡，余震持续达8个月之久。公元前70年的地震山崩，死亡人数在6000人以上，也是一次较强地震引起的。这次地震山崩的地区在河南郡（今洛阳市）以东的四十郡，影响面积很大，受灾最重的为北海郡（营陵，在今山东省昌乐县东南）和琅琊郡（东武，即今山东诸城县）。这是有文字记载的我国东部最早的一次地震山崩，应与郯庐大断裂的活动有关。

从西汉的山崩堵塞河流的情况看，西汉时期在黄河流域发生的这类地质灾害不如以前强烈，但在长江上游的支流如岷江等区域山崩则较为活跃。如公元前26年犍为郡（今宜宾市）的柏江山、捐江山山崩，皆堵塞岷江，江水逆流，坏城，死13人。前10年的蜀郡（今成都）岷山山崩，壅江三日，都是规模较大的山崩。

东汉时期（25—220年），有史籍可查的地质灾害共37次，有的因地震所致，所以其中既有震灾，也有山崩、地裂所造成的灾害。除地震以外，山崩15次，地裂13次，山崩地裂2次，而地震坼裂4次，地陷4次。其中有具体人员伤亡数字记录的有公元100年发生在湖北的秭归山崩，死100余人；公元125年发生于西昌的山崩，死400余人，其余无具体伤亡数字。

东汉时期的地质灾害分布比西汉较广，涉及江苏、浙江、山东、河北、山西、河南、湖北、四川、云南、陕西、甘肃、内蒙古等省区。比较集中的地带，如西起陇西、凤翔，东至华山、洛阳的渭河、黄河两岸的渭河地堑带，汾水流域的河东至雁门的汾河地堑带，张掖、武威、北地、扶风、武都等地区所有的河西地带和陕甘交界地带。这些地区的地质灾害常伴随着地震灾害出现。

（3）魏晋南北朝时期

魏晋南北朝时期（220—589 年）共 369 年，这是中国历史上的长期战乱时期，共有 56 条地质灾害史料。其中山崩 29 次，滑坡 4 次，地陷 16 次，地裂 6 次，海溢 1 次。山崩灾害中，根据记载的情况，将“山崩而出水”划为泥石流类，史料中的“山移”系指滑坡。

从这一时期地质灾害的分布情况看，大都发生在山东、河北、河南、山西、安徽、江苏、湖北、四川、甘肃、江西等省，陕西 2 次，湖南、广东、浙江各 1 次，史料没有提及其他地区。在历史上，陕西是地质灾害多发地区，但这一时期史料只记载了华山崩和地热 2 次。史料如此之少，可能与该地区在这个时期战乱频繁有关。

这一时期，河西走廊的凉州，甘肃东南部的兰州、陇西、西和及阴平地区、四川地区等，仍是地质灾害多发区。恒山、泰山、华山各有山崩的记录，庐山的山崩第一次见于历史记录。

在这一时期，有人员伤亡数字记载的地质灾害共 3 次：294 年上庸郡（今湖北竹山县）山崩，死 20 人；500 年山东山茌县（今山东省长清县）大阴山山崩，长泉涌出（似为泥石流），死 159 人；512 年山西、河北等地的地震山崩涌泉，死 5310 人，伤 2722 人。

（4）隋唐五代时期

隋唐五代时期（581—960 年）共 379 年。这个时期见于正史记载的地质灾害共 26 次，其中山崩 9 次，地震 9 次，山移（滑坡）3 次，地陷 1 次，泥石流 2 次，海溢 2 次。就其相互关系而言，一些山崩地裂显然与地震有关。

这个时期，有几次山崩曾经堵塞江河，如 611 年砥柱山山崩，堵塞黄河，黄河水逆流几十千米。624 年的西昌山崩，堵塞金沙江，是长江上游记载最早的一次堵塞长江的山崩。888 年维州（今理县）山崩不止，壅塞岷江，水逆流，则是唐末长江支流的一次较大山崩，也反映了岷江两岸的地质情况，那里的三叠纪的陆砂岩因构造运动强烈而结构破碎，这是引起历代地质灾害的重要原因之一。

这个时期有 3 次大的滑坡现象：686 年（武后垂拱二年）的新丰县（今临潼县）的“有山涌出”的滑坡；689 年的华山“东移数百步”的滑坡，造成压没村民 30 余家的惨重灾害；774 年朝邑县夏阳镇（在黄河西岸）的滑坡，滑体上的小山滑到了黄河中。

值得一提的是，西安的地裂缝，似乎在唐代之前就有了。788 年的含元殿在德宗皇帝坐朝时发生殿基无故自坏，护卫甲士死 10 余人。

从地质灾害的分布地域看，这个时期的地质灾害仍以甘、陕、晋三省为主，四川西南部次之，其他地区则较少且分散。

1.1.2 宋元时期的地质灾害

宋元时期的地质灾害主要记载有山崩、塌陷等，集中分布于甘肃、宁夏、陕西、四川一带，元代较宋代更为严重。

1072 年华州少华山阜头峰崩塌，《五行志》记载：陷民六社，凡数百户。《闻见后录》记载：压七村之人不可胜计。《老学庵笔记》记载：七社民压死者几万人。这是当时最大的一次山崩灾害，政府进行了抚恤。

元代（1271—1368 年）共 97 年，这是历代之中最短的时期，却是自然灾害的频发时期。在 97 年中，记载的地质灾害就有 58 次（不计海溢），平均 1.6 年发生一次。在 58 次灾害中，有人员伤亡记载的 24 次。

元代的地质灾害从地域分布上看，主要集中在以陇西、天水为中心的甘肃省东南部，其次为河东地区（汾河地堑），主要以山崩、山移、溃移、地裂、地陷为主，其成因机制有地震，有重力，也有长期下雨。但根本原因是地震的频繁发生造成地壳表层被多次重复破坏、松动、断裂。例如，元大德七年八月六日夜的山西赵城发生的 8.0 级地震，导致该县范宣义郇堡移徙（大滑坡）几千米，太原、平阳、祁县、平遥、介休、孝义等县地裂成渠。

这一时期，我国南方地质灾害主要表现为大雨或大水导致山崩，造成人员伤亡。灾害发生区主要分布在江西的上饶、靖安、上高、宁州，广东的罗浮山，浙江的山阳、奉化、处州、宿松，广西的漓江，福建泉州的永春、同安县，安徽的宁园，江苏的赣榆，湖北的荆门，湖南的道州等地。无论是从时间上还是地域上，都呈现分散的态势。

元代的海溢灾害也比较严重，主要集中在长江三角洲和钱塘的盐官地区。海门县治原在通州以东 125 千米处，由于江海的侵蚀，东境大部分沦入海域，县城迁移至礼安乡，距通州城只有 50 千米。盐官地区是元代海患比较集中的地区，1297 年盐官海塘岸崩，1314 年海溢，陷地超过 15 千米，1328 年修复塘岸，海沙也随之复涨，因设州名为“海宁”，这种时涨时崩的现象一直延续到明初。

1.1.3 明代的地质灾害

明代记载的地质灾害有山崩、地裂、地陷、山移、海岸崩塌等，散布于全国各地，在收集到的 134 条历史记录中，山崩 66 条，地震 38 条，地陷 20 条，山移与海岸崩塌数条，以崩塌与滑坡为主。明代的地质灾害，在 1450 年前比较轻微，1450 年后开始增多，1500—1550 年为一多发期，之后稍缓，1600 年又进入多发期，不过这一时期的地质灾害规模不大。较大的有：

（1）1480 年的云南巨津州山崩。这个地方在今云南省丽江县西北金沙江南岸桥头一带。从史书记载看，是金沙江北岸的雪山（白石云山）发生了巨型滑坡，滑坡体宽约 500 米，下滑 1 千米，进入金沙江，壅塞江流，江水陡涨，淹没农田，湮没民居，这是长江上游滑体滑行最远的一次大滑坡，影响较大，《明史 · 五行志》《续文献通考》《丽江府志》都有记载。

（2）1487 年 7 月 18 日，关中发生地震，西安市的荐福寺（小雁塔）自顶至底中裂 0.3 米左右，可以从裂缝中看到对面，但是到了正德十六年（1521 年），过了 34 年，这条裂缝又闭合了，说明塔底下地裂缝的活动性。对于这一奇异的现象，清康熙《咸宁县志》及《陕西通志》都有记载。

（3）1605 年的海南岛琼山、文昌发生大地震，琼山东南地区田沉成海，沉没数十村；文昌南五图有些村庄沉陷成海；澄迈、临高沙崩裂，盐田沉没于海。

此外，明代还发生海水多次入侵和海岸线变迁事件。1373 年崇明县为潮所没，1920 年县府迁徙，以后因海患经过三次迁移，1583 年迁至平洋沙，即今崇明岛。长江三角洲也因海溢等灾害，发生陆地退缩现象。特别是长江主流北岸的海门县，自明初至嘉靖年间便从元末的礼安乡又西迁至金沙场，即今江苏省南通县所在地。

1.1.4　清代的地质灾害

清代地质灾害较严重的地区在甘肃南部的洮河、大夏河流域的临洮临夏以及渭河上游的天水、甘谷等县，而后者因与地震相联系，故灾害更大。其次是浙江丽水地区的几个县，其中的云和较为频繁。

据统计，1644—1700 年发生 19 次，1701—1750 年发生 12 次，1751—1800 年发生 11 次，1801—1850 年发生 18 次，1851—1900 年发生 20 次，可见 18 与 19 世纪地质灾害较为严重。一般说来，单次地质灾害所涉及的范围都不大，但是在局部地区仍可造成较重的危害，如 1856 年湖北西部来凤县和四川黔江县交界的大路坝，因山崩壅河，形成长 10 余千米、宽 3 ~ 5 千米的小南海堰塞湖。山崩时形成的“大地震”（有人认为是地震导致山崩）压死 300 余家，死者以数百计。

这个时期海陆变迁，在清初至乾隆中期表现得尤为突出，最具代表的是长江三角洲和钱塘江口的变化。长江三角洲的海门县冶金沙场（今江苏省南通县治所在）于 1672 年（清康熙十一年）为潮所坏，迁治于永安镇，省县为乡。越数十年，永安复圮，迁兴仁镇（距南通州城 7.5 千米）。《光绪通州志》表明，至 1672 年，海门县已完全变为海域，但是到了 1768 年（乾隆三十三年），又在南通州和崇明县新涨沙地成立一个新的海门厅。说明在此以前，这里又新涨了大片沙地，足可建制为一个县级的厅，至 1912 年正式改为海门县。至 1928 年启东县的建置，海岸线又恢复到宋初的位置了。

钱塘江口虽经南宋到明末的累次蚀涨进退，但其主流基本上仍然保持在南大门，即龛山与赭山之间，直至明末，赭山仍在江口的北岸。到了清初钱塘江口已有“三门”之说，如 1718 年（康熙五十七年）浙江总督满保和巡抚朱轼向朝廷的疏奏中说：上虞夏盖山迤西沿海土塘冲坍无存，其南大门河淤成陆，江水、海潮直冲北大门而来，并海宁老盐仓皆坍没。并提出五条治理办法，其中第三条为开中小门淤沙，使江海尽赭山、河庄山中门故道，可免潮势北冲。其中“南大门”即鳖子门（龛山—赭山之间的江道）。“中小门”即赭山与河庄山之门的江道。既称之为“故道”，说明这时不但赭山早已位于江的南岸，河庄山也已位于南岸，钱塘江的正道已位于北大门了。自明末以来江流已向北移徙了超过15千米。这就是18世纪初期以来的钱塘江江口的位置，同时也指明了这一时期钱塘江的变迁，以北移为主，与长江三角洲的变化是同步进行的。

1.1.5 中华民国时期的地质灾害

（1）地震引发的地质灾害

1）地裂、断陷、液化

1920年12月16日海原8.5级地震，平地裂缝一般狭而浅，有长十余丈至数十丈者，常伴液化。山坡裂缝更多见，1924年7月3日新疆民丰7.25级地震，极震区地裂缝到处可见，山上裂缝深不见底，宽1.5米以上，其他高烈度区地裂缝较普遍。1931年8月11日新疆富蕴附近8级地震，产生了长170千米的断裂带，北始于喀依尔提，南至阿尔曼太山。断裂带由数条断裂组成，宽数十米至数百米，呈地堑型，中间下陷1~10多米，最深达60米，有的地方水平错位20米。1935年4月21日台湾苗栗7.1级地震，有两大断层发生于地表，皆长十几千米，一个最大水平位移1.2米，上下错动0.6米，另一个断层西侧隆起1.5~2米，二断层间有断续的雁行状小断层，其间山崩陷落，裂缝遍野。1937年1月7日青海阿兰湖东7.5级地震，极震区有一条由阿兰湖直至阿尼玛卿山大约230千米长的大裂缝带，宽6~10米，最宽50米，裂缝两侧有一系列高数米至数十米的鼓包，并有大量山崩。1941年5月16日云南耿马附近7级地震，低洼之处多属地面震裂，并裂开时见地中涌出流泉，以致沟浍皆盈。1948年5月25日四川理塘7.3级地震，地震裂缝多而大，如德巫附近地裂缝张开2~2.5米，深1.4米，长度大于40千米。雄坝乡唐嘎村，喷沙冒水3米多高。理塘兵站西侧地震地裂缝带，宽2~4米，长度大于7千米。

2）崩塌、滑坡

最严重的是1920年12月16日海原8.5级大地震，山崩极多。例如，会宁清江驿东2.6千米处山崩，将响水河长约2.5千米的一段完全壅塞，且越过河道，堆积于河对面，将下五里桥及其村庄完全湮没。1921年2月20日，宁夏海原、固原等地地震，三马、秦州两山前移数十千米。1924年7月3日新疆民丰南

7.25级地震，极震区崩滑非常普遍且规模巨大，造成人畜伤亡，堵塞河道，将100多米深的沟谷填平，掩埋草场5000平方米以上。1933年8月25日四川茂汶北叠溪7.5级地震，叠溪周围山地皆向下崩倒，南自猫儿山起，北至平羌沟，凡10千米内之山，自山顶至河面，其高在2000米以上，尽皆崩坏，有三处皆将岷江堵塞，形成三大湖，堰坝高分别在160米以上、100米以上、100米左右，有些崩滑体覆压村庄。在茂汶县城附近一巨型高速滑坡将县城从100米高的台地上推入岷江中，形成高160米的土石坝，45天后溃决，死8800人，造成罕见的次生水灾。

3）地陷

1913年8月19日云南玉溪地震，陷四十余丈宽，陷坑深远莫测。1914年6月10日湖北恩施地震，原异常高耸的狗头山崩陷，较地平线低八九尺，所有该山及毗连房屋同遭倾塌，死人300余口，尸体无踪。1917年6月5日贵州都匀地震，都匀正家司附近茶山地方，地陷里许，伤害居民十余家。1920年3月9日广东龙川地震，德化湾谢屋侧忽陷一穴，周13米多。1920年12月26日海原8.5级地震，沉陷现象很普遍，远在陕西的大荔，东北城池，陷落33米多。靖远县北窝子滩陷出黑水湖，深不可测，南乡刘家寨一山陷入地。1921年2月20日海原、固原等地地震，豫旺平地陷出巨川，海城全陷落，海原、固原两县城全塌陷。1921年2月23日马营、通渭间史家山驿路陷落500多米。1931年8月11日新疆富蕴附近8级地震，极震区内形成一长1.5千米、宽350米的塌陷区。1933年9月20日四川汉源地震，陷落数十里，1933年10月8日四川忠县莲花池、新田、海菱沟等处，震陷约5千米，损失房屋二十余间，居民约数十家。1935年7月3日，湖南沅陵县张家村及周围三里开始震陷，三日后村庄及房屋财产村落皆沉没，水往上涌成深渊，毁田地0.7平方千米左右。1941年10月8日，四川理县属之黑水、三番两地地震陷塌百余家。

（2）其他原因诱发的地质灾害

主要由暴雨和洪水诱发的地质灾害：一是泥石流灾害。1919年云南省东川蒋家沟爆发泥石流，将小江主河堵塞45天后溃决。1937年该沟再次发生泥石流，堵塞河流4天。二是滑坡灾害。1922年云南禄劝烂泥沟北岸发生滑坡，淹埋两个村庄和约0.13平方千米的良田。1943年2月7日黄河上游龙羊峡发生高速剧冲性滑坡，体积2.7亿立方米，堵塞了黄河，埋没了上、下查纳村，死213人，毁耕地0.7平方千米。

1.1.6 新中国成立以来的地质灾害

新中国成立以来的地质灾害，除了自然变异外，人口的集中，经济的发展，特别是人类的活动是最重要的原因。主要的地质灾害有：

图1-1 2011年全国地质灾害分布图（引自：全国地质灾害通报）

(1) 崩塌、滑坡、泥石流

我国的崩塌、滑坡、泥石流十分严重，每年发生数以万计，每年因崩塌、滑坡、泥石流损失达20亿~30亿元。全国大约有中型以上灾害点3万处，主要分布在以大兴安岭—太行山—巫山—雪峰山以西和大兴安岭—兰州—昌都以东的地区，即我国地形梯度最大的地带。崩塌、滑坡的发生常与地震、暴雨及人为作用有关。据统计，从1949年至今，崩塌、滑坡、泥石流发生相对频度最高的时期为20世纪50年代末期、70年代初期、80年代初期至中期和90年代初，大体有十多年的准周期。

崩塌、滑坡对交通运输影响最大，据统计，宝成铁路有滑坡 101 处，成昆铁路 183 处。每年用于整治滑坡的费用达 5000 万元。

泥石流灾害发生在全国 23 个省。受泥石流威胁的县城有 70 座。据 1975—1984 年 10 年内的调查，全国 18 个受泥石流影响的省共死亡 2136 人，毁田 437.7 平方千米，毁房 18.07 万间，直接经济损失 16 亿元。

泥石流对铁路运输的影响最大，大约有 1380 多条泥石流沟，威胁着 3000 千米长的铁路安全。1949—1985 年统计，累计发生中断铁路运行的泥石流灾害 300 起，每年用于修复铁路的费用达 7000 万元，泥石流灾害愈发严重。重大的泥石流灾害，20 世纪 50 年代为 32 起，60 年代为 40 起，70 年代为 76 起，80 年代超过 100 起。另外泥石流还严重影响了公路运输、河道航运。

新中国成立后有近千座各类水电站及数百座各型水库受到崩塌、滑坡、泥石流的严重威胁，仅云南一省就毁坏水电站 360 余座，水库 50 余座。

（2）地面沉降、地裂缝

由于多年干旱和工农业用水的大量增加，地下水位大幅度下降。从 20 世纪 70 年代以来，我国北方及沿海许多地区出现了地面沉降、地裂缝和海水入侵现象。现在全国已有 40 多个城市包括天津、上海、宁波、常州、嘉兴、西安、太原、北京等都发生了不同程度的地面沉降，并连片成带向乡镇甚至农村发展。地面沉降不仅直接导致了地基的失稳和建筑物破坏，而且还可以诱发地裂缝、局部洪涝、海水入侵、河流排污不畅和土地盐碱化等灾害。现在我国有 17 个省区发现地裂缝 1000 多条，最严重的是西安，因地裂缝造成的直接经济损失，平均每年达数亿元。全国有 24 个省区发现地面塌陷 2800 多处，其中大部分是由地下水位下降引起的。

（3）水土流失、土地沙漠化

随着环境的破坏，渐变性地质灾害日渐严重。我国水土流失面积已达 150 多万平方千米，每年流失土壤 503 万吨，经济损失达 20 亿 ~ 30 亿元，并导致下游河道、水库泥沙淤积与洪水泛滥。我国沙漠化土地面积随着干旱和地下水位下降在急速增长，现总面积已达 17.6 万平方千米，且每年以 1560 平方千米的速度增长，估计因此每年损失 20 亿 ~ 30 亿元。

除了以上几种主要的地质灾害外，还有黄土湿陷、岩土膨胀、砂土液化、矿山地质灾害、土地冻融、地热害、水质污染等灾害。

（4）地震灾害

我国位于世界两大地震带－－环太平洋地震带与欧亚地震带的交汇部位，受太平洋板块、印度板块和菲律宾板块的挤压，地震断裂带十分发育。我国地震活动具有频度高、强度大、震源浅、分布广的特点，是一个震灾严重的国家。统计表明，我国的陆地面积占全球陆地面积的1/15，人口占全球人口的1/5左右，然而我国的陆地地震竟占全球陆地地震的1/3，而因地震死亡的人数竟达到全球的1/2以上。1949年～2007年，100多次破坏地震袭击了22个省（自治区、省辖市），其中涉及东部地区14个省份，造成27万余人丧生，占全国各类灾害死亡人数的54%，地震成灾面积达30多万平方公里，房屋倒塌达700万间。2008年5月12日14时28分发生的四川汶川8.0级特大地震是新中国成立以来破坏性最强、波及范围最广、救灾难度最大的一次地震，最大烈度达11度，余震3万多次，破坏涉及四川、甘肃、陕西、重庆等10个省区市、417个县（市、区）、4667个乡（镇）、48810个村庄。灾区总面积约50万平方公里、受灾群众4625万余人，其中极重灾区、重灾区面积13万平方公里，造成69227名同胞遇难、17923名同胞失踪，需要紧急转移安置受灾群众1510万人，房屋大量倒塌损坏，基础设施大面积损毁，工农业生产遭受重大损失，生态环境遭到严重破坏，直接经济损失达8451亿多元，引发的崩塌、滑坡、泥石流、堰塞湖等次生灾害举世罕见。

1.2 中国人民认识地质灾害的历史

我国是农业大国，自古以农业为本，故对自然灾害极为重视。史前有洪水横流和大禹治水的传说，殷墟出土的甲骨文就有“灾”字的象形字，殷人对自然灾害的认识和防治，都已昭然刻于甲骨之上，我们可以把研究中国自然灾害的起点，无可争辩地推进到甲骨文时期。

根据前人对甲骨文的考释结果，殷王朝对各种天灾极为重视，希望通过占卜对灾害进行预测，并找出防御的办法。由于生产力水平的低下和蒙昧意识，殷代人认为自然界和人类社会的万事万物，都由“上帝”（神灵）的意志所主宰。因此，他们相信一切天灾都取决于“上帝”的旨意。殷代人几乎每事必卜，尤其是军国大事，必须得到“上帝”的旨意和允诺，这就是殷商时代的天灾观。在这种思想的支配下，如果卜官的占卜长期不得应验，必将受到撤职或杀头的处罚，这便迫使卜官尽力搜寻征兆，总结规律，使预测获得成功。在这个意义上，甲骨文中的卜雨预测，在中国灾害史上可谓是预测学的开端。

1.2.1 春秋战国时期的天人感应观

周代取代商代，人们对“上帝”的观念也有了较大变化。商代的“上帝”被周代换之以“天”。卜辞中常用的“帝令”，改成了“天命”。在周人的观念中，天被认为是德行的保护者和恶行的惩罚者。天决定着统治者统治寿命的长短和国运的兴衰，对天灾的成因很少提及。《左传・宣公十五年》记晋国伯宗之言称，天反时为灾，地反物为妖，民反德为乱，乱则妖灾生。这基本概括了此时的天人感应论，同时也为西周的天灾论做了一个简明的注释。在这种观念下，灾祸仍是神秘莫知的天命所赋，人力无法改变，只能听之任之，无可奈何。

春秋战国时期，由于政权上的频繁更替，思想上的百家争鸣，在中国思想文化史上创造了辉煌的篇章。在这个时期星占学极为盛行，与天文学发展密切相关。当时中国的天文学体系已经初具规模，二十八宿、十二纪和十二辰等天文坐标体系已经确立，为观测恒星和五大行星的运动及行星运动的准确时间奠定了基础。二十八宿距星和距度，一百一十五颗恒星入宿度和去极度的测定，五大行星运行周期的确定，甚至对木星四颗卫星的精确观测，都是世界天文史上的伟大事件，受到世界科学界的认同和高度评价。在天文仪器制作方面，除了殷商时代可能已经发明的测影仪器圭表和滴水的漏壶以外，用来测定天体在天球上位置和运动角度的“先秦浑仪”，或类似的“璇玑玉衡”都已发明，并用来实测恒星的坐标和行星运动的变化。另外，还设有从事天文测量和制作天文仪器的专职官员，为星占学的发展和繁荣打下基础。

至此相关的另一个重要方面，是阴阳五行学说的确立和影响。最早提出“五行”的文献是《尚书·甘誓》，书中记录：有扈氏威侮五行，怠弃三正，天用剿绝其命，今予惟恭行天之罚。大意是说有扈氏倒行逆施，违背天命，不按五行运行规律和社会常规办事，我们代表天意去惩罚他们。据研究，这里的“五行”即指金、木、水、火、土。

至于阴阳学说，基本上是春秋战国时期形成的。《老子》中载：万物负阴而抱阳。《管子》载：春秋冬夏，阴阳之推移也；时之短长，阴阳之利用也；日月之易，阴阳之化也。已经把阴阳相互转化的观点提了出来。到了《易经》和《易传》完成的时候，阴阳学说可以说是相当完善了。《系辞上》载：一阴一阳之谓道。表明《易经》的基本思想是大千世界形态百般，不过是阴阳矛盾对立的不同表现。立天之道曰阴与阳，立地之道曰柔与刚，立人之道曰仁与义（《说卦》）。无论天道、地道和人道，都是阴阳对立的某个侧面。

1.2.2　封建社会天人相应观和对灾害的认识

（1）董仲舒天人感应论及其影响

秦汉以来，中国的封建制度越来越完善，而与之配合的各种封建理论也逐步确立下来，在解释自然界所发生的重大天灾方面，也有了相应的理论，其中最有影响的就是汉代董仲舒提出的天人感应论。粗略来说，这个理论一直统治着千余年的中国封建社会，直到明末近代科学的传入。

董仲舒（前179—前104），西汉时期著名的学者、思想家、今文经学大师，终生以著书为事，《春秋繁露》是他的代表作，历任博士、江都相和胶西王相等职。武帝时，他在奏对中提出诸不在六艺之科孔子之术者，皆绝其道，勿使并进的建议，受到武帝的批准，形成“罢黜百家，独尊儒术”的局面。从此，中国两千年的封建社会均以儒家学说为正统，置其他学说为旁门。

董仲舒最著名的一个理论是天人感应论。在这个理论中，他把天看作是有意志的至上神，“百神之大君”，但又以自然现象为外貌。天依自己的形象创造了人，天是人的曾祖父，所以才有“人副天数”和“天人合一”。天人相感应的方式是灾异和祥瑞，是告诫或奖励人君的手段。在《春秋繁露》中有一段记载：

天地之物有不常之变者，谓之异。小者谓之灾，灾常先至而异乃随之。灾者，天之谴也。异者，天之威也。谴之而不知，乃畏之以威。诗云畏天之威，殆此谓也。凡灾异之本，尽生于国家之失。国家之失乃始萌芽，而天出灾害以谴告之。谴告之而不知变，乃见怪异以惊骇之。惊骇之尚不知畏恐，其殃咎乃至。

在这个理论框架下，一切天灾都可看成是天对人间帝王的警告，希望通过这种警告使帝王修德弭过，清明政治，人民安居乐业。当然，两千年的封建统治史证明，这只是一种空想，就连董仲舒本人也因借天人感应批评朝政，几乎险遭杀身之祸，这真是一个莫大的讽刺。

虽然如此，天人感应论因为适应封建统治者加强中央集权君主专制思想的需要，受到了统治者的支持和提倡，成为封建社会占主导地位的意识形态。汉代以后，虽有王充等人对天人感应论的批驳，但宋明理学家仍在原理上维持天人感应说，只是在一些具体观念上做了某些修正或精致化，但无关大局。因此，在汉代以后的大量历史文献中，充斥着天人感应的观点，即使像张衡那样的伟大科学家也未完全摆脱它的影响。正史方志甚至私人杂著中，比比皆是有关祥瑞和灾异的记录。甚至到了清代末年，洋务派代表人物张之洞还在给皇帝的上奏中说：星辰变异，正由上天仁爱人君，因事垂象，俾得早为之备，足见董氏理论影响之深。

（2）自然灾害的天文预测法

董仲舒的天人感应论把自然灾害看作是天对人君的谴告，因此无论帝王将相，或是平民百姓都对“天意”十分注意，当然更希望通过一定的方法预知“天”要给人降下的吉凶祸福。作为皇家御用的、代天传言的天文官，当仁不让地会接受下这个极为崇高的任务，利用一切天文手段来寻求预测的方法。归纳所见史籍所记天文预测方法，大致有下列几种：

1）星占法。此法先秦已颇盛行。秦汉以后，随着天文学的发展和天文仪器的进步，星占学更趋细致和包罗万象。流传下来的星占学著作，如北周的《灵台秘苑》、唐代的《开元占经》和《乙巳占》，以至明代的《天文大成》等，无不内容庞杂。从天占、地占、日占、月占、五星占、流星占、客星占、妖星占、彗星占、云气占，直到风占、雨占、虹霓占等，凡天象及气象现象都网罗在内。

2）周期法。古人通过星占或长期观察摸索，发现某类灾害有一定的周期。每经一个固定时期，灾害会重复发生。如据史载，越国大夫范蠡曾找到岁星（木星）运动和年成丰歉的关系。岁星每十二年在天上运行一周，年成因此也跟着发生丰歉。李约瑟博士在他的名著《中国科学技术史》中摘引古佚书《计倪子》中一段话：天下六岁一穰，六岁一康（通古荒字），凡十二岁一饥，是以民相离也。古圣人早知天地之反，为之预备，他认为是很有道理的。

3）测影法。测影术起自上古，据考在甲骨文中已能找到殷人使用测影术观测太阳运行的证据。周代已用之测量“地中”，并测定二十四节气。在此基础上，也用测影术预测年成。《续汉书·律历志》有测影占侯的记载，选列几条如下：

冬至，晷长一丈三尺。当至不至，则旱多温病。未当至而至，则多病暴逆心痛；

大寒，晷长一丈一尺八分。当至不至，则先大旱，后大水，麦不成，病厥逆。未当至而至，多病上气，嗌肿；

立秋，晷长四尺三寸六分。当至不至，暴风为灾，来年黍不为。未当至而至，多病咳上气，咽肿。

由此可见，通过测影不但能预测水旱风雨，而且也能预测农业丰歉和多发病，岂不神哉。

4）历注法。古代历书，特别是唐代以后的历书中多注有许多占测的内容。这些内容是通过历法的推算而附加出的结果。例如，民间通用的“几龙治水”就是最常用的预测法之一。按照历书，正月第一个辰日在初几，即为几龙治水。如正月初一为地支辰日，则称一龙治水；初五为辰日，则称五龙治水。地支共十二个，故最多可达到十二龙治水。按历注规定，龙少水大，龙多则水少。每年新历书刊印后，多在首页标出几龙治水。展读之后，即可预知该年水旱灾情，可谓一目了然。

（3）世界上第一架地震仪的创制

宋以前，我国地震科学最光辉的一页是东汉阳嘉元年（132 年）张衡创制了候风地动仪，这是世界上第一架地震仪。

《后汉书·张衡传》记载，候风地动仪以精铜制成，圆径八尺，合盖隆起，形似酒樽，饰以篆文、山龟鸟兽之形。中有都柱，旁行八道，施关发机；外有八龙，首衔铜丸，下有蟾蜍张口承之。其牙机巧制，皆隐在樽中，覆盖周密无际。

如有地动，樽则振，龙机发，吐丸而蟾蜍衔之，振声激扬，伺者因此觉知。虽一龙机发，而七首不动，寻其方向，乃知震之所在，验之以事，合契若神，自书典所记，未之有也。尝一龙发机，而地不觉动，京师学者咸怪其无征。后数日驿至，果地震陇西，于是皆服其妙。自此之后，乃令史官记地动所从方起。张衡已经了解了地震波传播方向，运用他熟练的技巧，制造了精密的地动仪，并且得到了甘肃陇西地震的验证。从此以后，东汉朝廷下令史官将地动仪所记录的地震方位载入史册。

1.2.3 宋元时期对地质灾害的研究

宋元时期，随着人口增长和经济活动的增加，人们对资源的需求也随之增加，致使自然环境破坏的程度加剧。如对山林的破坏，导致水土流失、河床淤塞，水旱灾害的发生次数比宋代以前增加。

宋代魏岘就注意到这种现象，他认真调查了四明它山附近的环境，分析灾害增多的原因，得出了科学的结论。1241 年，魏岘把这种认识写进了《四明它山水利备览·淘沙》一文中，文中说：四明水陆之胜，万山深秀，昔时巨木高森，沿溪平地，竹木蔚然茂密，虽遇暴水湍激，沙土为土根盘固，流下不多，所淤亦少，闾淘良易。近年以来，木植价穹，斧斤相寻，靡山不童，而平地竹木亦为之一空。大水之时，既无林木少抑奔湍之势，又无包揽以固沙土之积，致使浮沙随流而下，淤塞溪流，至高四五丈，绵亘二三里，两岸积沙，侵占溪港，皆成陆地。

这段文字不长，但叙述之流畅，前后对比之强烈，读后确使人感到震动。这些沙土原来保留在山岭之上的，当年“巨木高森”之时，“沙土为土根盘固，流下不多，所淤亦少”；而在一些人们贪图“木植价穹”之利，不惜“斧斤相寻，靡山不童”，将满山的森林砍伐一空时，四明它山上的沙土失去了往日的保护，在大水来临时，“随流而下”，不仅“淤塞溪流”，还使“两岸积沙”，岸边的良田被沙土覆盖成为荒地。这就是大自然对人的惩罚。其次，应认识到由优良的生态环境，变化到恶劣的生态环境，这一过程是很短暂的。文中的“近年以来”启迪人们，不用多久，此处会由“水陆之胜，万山深秀”变到“两岸积沙，侵占溪港，皆成陆地”。试想，当年大自然的杰作要经历多少年的时间才能形成。魏岘对水土流失的描述及成因机制认识是科学的、准确的。他的这篇论文写在 750 多年前，至今对于保护环境、减轻地质灾害仍有重要的启迪。

宋元时期的地震史料较宋前时期具体、翔实，一般可给出建筑物破坏与人员伤亡的具体数据。有关地震的史料不但见于国家级的历史书籍，也存在于省、县级的地方志、碑刻中。但是，这一时期对地震的认识整体上仍无太大的进步，仍把地震看作一种天谴地责的超自然现象。例如《续资治通鉴长编》卷 4 记载了一件因地震而使暗杀计划失败的轶事。清源留侯张汉思年老心衰，遇事难决，不能管理军务，所以事情都由副使陈洪进决定处理。汉思的儿子都是军中牙将，对此事愤愤不平，想除掉陈洪进。汉思也虑他专权，于是设宴犒劳将吏，暗中埋伏武装，准备借机杀洪进。酒刚几巡，忽然发生了强烈地震，房屋摇晃欲倒，人坐立皆不稳，同谋者以为是天理难容，因恐惧而告诉洪进，洪进急忙逃出，埋伏的将士亦惊悸逃散。

1.2.4　明代的避震方法

1556 年华县大地震，83 万人遇难，但也有不少人侥幸活了下来。事后，山西行太濮寺卿兼佥事秦可大记录了这些情况，并加以总结，写成《地震记》一篇，被收录进康熙《咸宁县志》。秦可大是咸宁（今西安）人，地震发生时正在家乡居住，故他的经历是可信的。

《地震记》载：富平举人李羔与今冀北道参议耀州左熙，内兄妹丈也，同会试抵旧阕乡店宿，联榻而卧，李觉地动，走出呼左，时左被酒，寝闻未起，既，李被崩压死，而左赖床榻撑支，止伤一指耳。还讲了华州王祭酒震时奔出急呼太夫人被合墙压毙，已睡熟的太夫人虽屋覆而固无恙也。秦可大举这两个例子意在说明大地震来临之际，不要乱跑，应采取避震应急措施。

秦可大提出的避震应急措施是：因计居民之家，当勉置合厢楼板，内竖壮木床榻，卒然闻变，不可疾出，伏而待定，纵有覆巢，可冀完卵。力不办者，预择空隙之处，审趋避可也。

他说明为什么在地震来临之际“不可疾出”的道理：富厚之家，房屋辏合，墙壁高峻，走未必出，即出，顾此误彼，反遭覆压。原来，家境富余的人家，房屋造得又高又大，人还未跑出，就会被倒塌的墙压死。他没有说明“贫穷之家”的避震方法。

那么，如何能在房中躲避震害呢？秦可大说，预择空隙之处，预者，预备也，即事先有准备，震前就要选择好避震的场所。人之所以会受震害伤害，主要是因为房顶塌下、墙壁倒下、房中高大的家具压着，所以，秦可大选择的地方是“内竖壮木床榻”（“床榻”为床铺底下），或以“内竖壮木”为支撑点之处，这些地方可以暂时躲避塌下的房顶、墙壁。

1.2.5 清代对地震灾害的科学研究

清代地震众多，我国劳动人民在经受多次地震灾害后，逐渐加强了对地震的认识，并总结出了一些预防地震的经验。

（1）利用地声防震

1855年12月11日开始，金州厅（今辽宁大连市金州区）发生一系列中小地震，至1856年1月19日，共发生44次地震。据盛京将军承志等奏本：派员查明所属镶黄、正黄、镶红、正红等四旗界内，旗属各户住房，共被震倒567间，压毙男妇子女共7名。奏本说出了少死人的原因，地未震之时，先闻有声如雷，故该处旗属早已预防，俱各走避出屋。是以未经压毙多人，只伤男妇子女共7名。原来，金州厅人利用地声前兆，先撤离房屋，待房屋震倒时，屋中除损坏家具外，并无多少人死亡。

（2）利用异常天气测震

1815年10月23日，山西平陆发生6.75级地震，压死3.7万余人。时农历九月二十一日，有人已经预知到地震了。光绪《虞乡县志》记载的季元瀛《地震记》说，初，己亥八月六日，阴雨连绵四旬，盆倾檐注，过重阳微晴，十三日大雪。乡老有识者，谓霪雨后天大热，宜防地震。闻者初不为意，二十日早，微雨随晴，及午，（高欠）蒸殊甚，傍晚，天西南大赤，初昏，半天有红气如绳下注，见者诧之，亦不知何吉凶也。二鼓后，或寝或否，从无音响。忽然屋舍倾塌，继有声逾迅雷，人身簸摇或荡……

这个地震预知者，就是“乡老有识者”。识即为认识、经验，乡老的经验可能是他自己总结出来的，也可能是别人传授于他的。农历九月中旬，已是寒露过后，接近霜降了，虞乡（今山西永济东虞乡）属温带气候区，天气本应渐凉，但九月二十日中午（高欠）蒸殊甚。这就说明孕震区的气候发生了不正常的高温，属于值得注意的异常天气，但旁人闻后不相信“乡老”说的是真话；傍晚，天西南大赤，初昏，半天有红气如绳下注，是又一异常天气，见者诧之，但因不知何吉凶，也没有放在心上，安心睡觉去了。直至二更时，地大震，已避之不及。

（3）避震自救

1679 年 9 月 2 日，河北三河、北京平谷一带发生 8 级地震，压死 1.6 万余人。三河知县任塾是一个幸存者，他住的房屋全塌了，但他躲在屋内安全处，只受轻伤。事后，任塾写了一篇《地震记》，追忆和总结了这场地震。全文被收进乾隆《三河县志》。

《地震记》写道：七月二十八日巳时，余公事毕，退而斋假寐，若有人从梦中推醒者，……余知为地震，蹶然起，见窗牖已上下簸荡，如舟在天（大）风波浪中。跣而趋，屡仆，仅得至门。门启，门后有木屏，余方在两空间，砉然一声，而屋已摧矣。梁柱众材，交横门屏上……任塾一家三十余口被压，在抢救过程中，他发现了侥幸活下的窍门：大抵床几之下，门户之侧，皆可赖以免。

1730 年 9 月 30 日，北京西北发生 6.5 级地震，死亡 1940 人。道光《翼稗编》讲了一件趣事：雍正中，京师地震，房屋倒塌，压毙极多。吾乡庄方耕宗伯随任大兴县署，书屋三间已倾，寻宗伯不获。震定，发掘瓦砾，两墙对合如龛，宗伯坐其中，熟睡犹未醒也。时宗伯夫人吴亦随遵入京邸。方震时，闻梁木格磔声，急避桌下，屋随倾压，赖桌扯柱得不死。一时同乡官京师者，谓两人他日必贵，遂为两家绵姻焉。大学问家纪昀知道此事后，把其写进了《阅微草堂笔记》中，此书写道：庄学士本淳，……兄方耕少宗伯，雍正庚戌在京邸遇地震，压于小街中，适两墙对圮，相柱如人字帐形，坐其中一昼夜，乃得掘。宗伯用自囚的方法使自己免遭倒塌房屋挤压。这件事被反复宣传，说明当时掌握自救方法的人很少，所以宗伯被称为大难不死的贵人了。

1668 年 7 月 25 日，山东郯城、莒县大地震时，也有人采用自救术使自己存活。在极震区郯城县北35千米李家庄，“一镇并陷，凡数千家，不见奏中。有客自李家庄来者，未至里余，臭不可离，一村俱死，无收瘗者，又渐之斋，奏者过李家庄，四人共入一店。一人起如厕，屋崩，急走一桌下，幸而不死，已断一足。”（《客舍偶闻》）

（4）抗震建筑

清代地震多，人们从抗震中逐渐总结出保护自己的办法。1668年7月25日，山东郯城、莒县发生8.5级大地震，破坏极为严重。灾民们纷纷外出，到旷野之地搭防震棚，暂居一时，躲避余震。康熙《徐州志》记载：民多露处席棚中，经月乃定。康熙《赣榆县志》说，地震后谣言四起，人且谣曰，神告我后十日当陷，至期遇者率奔避山上，人们到山上避震。又说：自是三岁，率常震，居者瞿覆压，编苇为层。道光《扫红亭吟稿》说震区情况，此皆奇却不轻逢，遗民露宿张芦篷（原注：震非一次，不敢屋居，惟张芦席）。康熙《郯城县志》载《灾民歌》：结席安篷皆野处，阴愁霖潦晴愁暑。宣统《客舍偶闻》讲山东灵山卫（今胶东东北）情况：目下兵民各居野地，席棚遮身。灾民们利用席、芦苇等轻便物资搭盖防震棚，或到空旷野地暂避一时，取得了防震效果。

震前的防御在清代台湾省已有显著的进步。台湾是我国地震最频繁的省份之一。乾隆《台湾县志》说：台地罕有终年不震者，故不悉书，大震则书。中小地震太多了，地方志都记不过来，所以只收录大地震。频繁的地震使台湾人民在兴建城市时注意采取防震抗震措施，淡水城有的城墙是用竹子和树木等材料筑成的，以台地沙土浮松，不时地动，故以树为城。用竹木修城墙，不仅因为台湾竹木丰富，经济实用，更主要的是可以减轻地震时城墙倒塌对人的危害。云南也是多地震省份，也有人采用荆条、木筋草等材料编墙，可以起到防震的效果。

（5）探索地震规律

因我国古代盛行天人感应学说，因此地震作为责备人事的语句常见于史书之中，但一些科学家并不赞同史书中的观点。如清初地理学家孙兰说：象悬于地，天与人事；而慧寺盈缩出见，皆有常度；水旱地震，亦有常经。他认为地震是有规律的，与人事无关。清代末年姚莹对康熙二十二年（1683年）至嘉庆九年（1804年）的台湾地震做了统计分析，指出：台地常动，非关治乱，有力地批驳了“地震主奸民为乱”的谬论。他说：或灾或否，台人习见，初不之异，并认为台湾的地震多，人们习以为常，不足为怪。

季元瀛的《地震记》写道：尝考明嘉靖乙未（卯）地大震、国朝康熙乙亥平阳路地大震，何今又适逢此支干也？“何今”是指嘉靖二十二年（1815 年），乙亥年，山西平陆发生 6.75 级地震；嘉靖乙卯是 1556 年，陕西华县发生大地震；康熙乙亥为 1695 年，临汾发生 8 级地震。1556 年到 1695 年共 139 年，1695 年至 1815 年共 120 年。季元瀛推测这三个地震在山西、陕西，大地震可能有长周期复发现象。他的这种推测是很有胆量的。

王泽辰《银川小志》记录了 1739 年 1 月 3 日宁夏平罗银川 8 级地震的情况，书中写道：宁夏地震，每岁小动，民习为常，大约春冬二季居多，如井水忽浑浊，炮声散长，群犬围吠，即防此患。至茗秋多雨水，冬时未有不震者。乾隆三年十二（十一）月二十四日地大震，数百年来震灾莫甚于此。王泽辰是宁夏赵府私塾教师，这份乾隆二十年（1755 年）修的手抄本地方志现存宁夏回族自治区图书馆。

王泽辰对宁夏地震发生规律的总结“大约春冬二季居多”，这是多年来观察的结果。井水、地声、动物异常，是当地群众“即防此患”的依据，因为“小动，民习为常”，小震也不会出现这么多异常的地震前兆，只有在破坏性地震发生前，才可能发生。宁夏地处干旱地区，夏季雨水少，“秋多雨水，冬时未有不震者”，这是另一个重要的异常天气。所以《银川小志》所揭示的地震发生规律、异常的地震前兆是很具有科学价值的。

宁夏《隆德县志》记录的地震前兆更多了，归纳为“地震六端”：①井水本湛静无波，倏忽浑如墨叶，泥渣上浮，势必地震。②池治之水，风吹成荇行萦，无端泡沫上腾，若沸煎茶，势必地震。③海面遇风，波浪高涌，奔腾平汹，此常情；若风日晴和，台飓不作，海水忽然绕起，汹涌异常，势必地震。④夜半晦黑，天忽开朗，光明照耀，光异日中，势必地震。⑤天晴日暖，碧空清净，忽见黑云如缕，婉如长蛇，横亘空际，久而不散，势必地震。⑥时置盛夏，酷热蒸腾，挥汗如雨，蓦觉清凉如受冰雪，冷气袭人，肌为之栗，势必地震。我们姑且不论每一条前兆是否真是地震前兆，仅就作者观察之仔细、概括之精辟、态度之认真，不能不叹服。作者区分了正常与异常两种情况，如盛夏挥汗如雨是正常的，肌为之栗却是异常的。一做对照，读者可以鲜明地作出对比，记忆深刻。

康熙皇帝（1661—1722年在位）是一位有作为的帝王，他经历了1668年山东郯城、莒县8.5级地震、1679年河北三河—北京平谷8级地震，1695年山西临汾8级三次地震，1679年地震时他离开宫殿住进帐篷。巨大的自然与社会异常使康熙皇帝着手研究地震。1721年他写出的《地震》论文被收录入《康熙御制文》卷30中。

《地震》论文写道：朕临揽六十年，读书阅事务体验至理。大凡地震，皆由积气所致。程子曰：凡地动只是气动，盖积土之气不能纯一，秘郁已久，其势不得不奋，老子所谓地无以宁，恐将发，此地之所以动也。阴迫而动于下，深则震虽微而所及者广，浅则震虽大而所及者近；广者千里而遥，近者百十里而止；适当其始发处，甚至落瓦倒垣，裂地败宇，而方幅之内，递以近远而差；其发始于一处，旁及四隅，凡在东西南北者，皆知其所自也。至于涌泉溢水，此皆地中所有，随此气而出耳。既震之后，积气已发，断无再大震之理，而其气之复归于脉络者，升降之间，犹不能大顺，必至于安和通适，而后返其宁静之体，故大震之后，不时有动摇，此地气返元之征也。宋儒谓阳气郁而不申，逆为往来，则地为之震；《玉历通政经》云阴阳太甚，则为地震，此皆明于理者。西北地方，数十年内，每有震动，而江浙失绝无。缘大江以南至于荆、楚、滇、黔多大川支水，地亦隆洼起伏，无数百里平衍者，其势欹侧下走，气无停行；而西北之地，弥广磅礴，其气厚劲坌涌，而又无水泽以舒泄之，故易为震也。然边海之地如台湾，月辄数动者又何也？海水力厚而势平，又积阴之气，土精上镇，《国语》所谓阳伏而不能出，阴迫而不能蒸，于是有地震，此台湾之所以常动也。《谢肇制·五杂俎》云，闽广地常动，说者渭滨海水多则地浮；夫地岂能浮于海乎！此非通论。京房言，地震动于水则波；今泛海者遇地动，无风而舟荡摇，舟中人辄能知也。地震之由于积气，其理如此，而人鲜有论及者，故详著之。

文中之气动说，是接受了比利时传教士、时任钦天监监正的南怀仁的观点，比我国传统的地震成因阴阳说又进了一步。特殊地位使康熙皇帝能详细了解各地地震破坏情况，所以他能提出从未有人提出过的“深则震虽微而所及者广，浅则震虽大而所及者近”的观点，并得出地震在西北多而江浙无的结论。他用气血在脉络中的流动来阐述主震与余震的关系，“既震之后，断无再大震之理”，是很有见地的。

1.2.6　中华民国时期对地震灾害的研究

我国是世界上记录地震最早的国家，但现代地震科学起步较晚。1920 年海原地震发生后，当时的地质调查所所长翁文灏亲自率队到地震区考察。这是我国进行的第一次地震科学考察。1930 年在北京西山建设了我国第一个地震观测台——鹫峰地震观测台，在地质研究所设立了地震研究室。至 1937 年北京沦陷，共记录了 2472 次地震。1935 年南京北极阁气象研究所开始进行地震观测，后因战乱停止，直至 1948 年才恢复观测。总之，我国的现代地震科学是在极其艰难的条件下起步的。

1.2.7　新中国成立后对地质灾害的防治

新中国成立后，政府和人民对崩塌、滑坡、泥石流的防治主要是采取工程措施。治理滑坡灾害的基本原则是“对症下药，综合治理，彻底根治，以防后患”。如对四川灌县二王庙老滑坡的治理，经全面的勘察研究后，1984 年政府制定了以排水为中心辅以抗滑支挡的综合治理措施，并结合公园园林化实施，效果很好。对泥石流的治理，也是采取了包括工程防御体系、生物水保防御体系、管理防护体系、社会管理体系和预测预报及警报体系在内的综合防御体系，都取得了一定的效益。1988 年国务院正式赋予地矿部对地质环境进行监测、评价和监督管理的职能，1990 年国家科委、国家计委、地矿部联合颁发了《全国地质灾害防治工作规划纲要（1990—2000)》。目前我国已对 10 余处重点地区和交通干线的崩塌、滑坡、泥石流进行了大规模防治工作。然而总的来说，我国治理费的投入还远远不能满足要求，如 1989 年 7 月华蓥山滑坡发生前已经进行了调研，并制订了防治方案，只是由于 1000 万元经费难以筹集，未予实施，结果滑坡、泥石流发生，造成死亡 259 人、直接经济损失 1.2 亿元的惨剧。与此同时，防灾部门开展了对滑坡、泥石流发生规律和预测预报的研究。如对新滩滑坡，防灾部门经过长期观测与研究，在滑坡发生前5个月就做了预报；在滑报前3天防灾部门又做了紧急预报，使新滩镇的人畜和可动产在滑坡前全部被撤出，无一伤亡。又如巫溪县中阳村滑坡，在滑坡前3个月防灾部门也做出了预报，并划定了危险区，组织转移，结果1988年6月10日滑坡发生，划定的危险区内无一伤亡。类似的例子还有很多。

泥石流的专门观测机构从建立到现在只有20多年历史，1988年初，我国第一个半自动泥石流观测研究站——云南东川蒋家沟泥石流站，开始对国内外开放，这个站已建成了7个观测系统，建立了预报模式，能够进行暴雨泥石流预报。但总的来说，我国目前滑坡、泥石流观测站还不多，远远不能对我国的滑坡、泥石流多发区进行全面观测，且观测技术比较落后，规范也不统一，对滑坡、泥石流的形成机制，还缺乏量化的概念。因此预防仍是一个需要加强研究的问题。

由于干旱和过量抽取地下水，从20世纪20年代开始，我国许多大中城市相继发生地面沉降。为了防治地面沉降，从20世纪60年代即开展了勘察与研究工作，并且总结出了包括控制地下水开采量、调整地下水开采层、进行地下水人工回灌、改变城市用水结构、补充地下水资源等一整套防治措施，不少技术已达世界领先水平，有效地控制了上海、天津等城市的地面沉降。

由于地面沉降和海平面上升，我国一些沿海城市如大连、秦皇岛和山东半岛一些地区出现海水入侵。为此，以科研为先导，在首先查明海水入侵形成机制、发生条件、活动规律的基础上，采取了合理开采地下水，保持滨海地区水动力平衡；建立防潮闸、拦潮坝等措施，收到了初步的成效。

中国有各类盐碱化土地27万平方千米，分布在沿海和内陆盆地，从新中国成立初期，我国即组织部队和民众进行大规模的治理，变盐碱地为良田，20世纪90年代比解放初期盐碱地减少了10%，取得了成功的经验，开拓了一条根据盐碱化土地不同的特点，边治理、边开发的一条综合防治的途径。特别是在新疆、黄河中上游、黄淮海地区、下辽河地区、苏北滨海地区取得了更为显著的成效，使原来的盐碱地成为重要的粮棉基地。

2003年11月24日中华人民共和国国务院令第394号公布《地质灾害防治条

例》，自2004年3月1日起施行。该条例规定地质灾害防治工作，应当坚持预防为主、避让与治理相结合和全面规划、突出重点的原则，应当纳入国民经济和社会发展计划。此后，我国地质灾害防治工作步入新的、快速发展阶段，在调查、规划，监测预警、应急、工程治理等方面做了大量工作。

1.2.8 新中国成立后的防震减灾

新中国成立，地震事业在一片空白中起步。

新中国建立初期，我国仅有一个地震台。随着第一个五年计划的开始，工程建设迫切需要地震基本烈度，顺应经济发展的需要，新中国的地震事业随之起步。1950年，成立中国科学院地球物理研究所、地质研究所等研究机构，开始了新中国的地震、地磁、地球物理和地震地质等方面的研究；1953年成立了中国科学院地震工作委员会。这一阶段，编制完成了《中国地震资料年表》、《中国地震烈度表》、《中国地震目录》以及第一代中国地震烈度区划图，并开始将地震工作纳入国家科学发展长远规划，建立了由12个台站组成的国家基本地震台网，开展了地震的速报业务，开始了区域地震活动性的研究。这些工作，不仅保证了国家重点工程建设的顺利进行，而且使地震工作一开始就与国民经济建设紧密结合在一起，为其以后的发展奠定了良好基础。

1966年邢台地震之后，我国的防震减灾事业全面启动，地震监测预报工作获得长足的发展。

1966年3月22日，河北邢台发生7.2级地震，死亡8000多人，造成重大经济损失，在国内外引起巨大反响。党中央、国务院高度重视，周恩来总理先后三次亲赴灾区，慰问受灾群众，指挥抗震救灾工作。并提出开展地震预报工作的要求。在周总理的直接关怀和领导下，我国的防震减灾工作迅速在全国展开。1969年成立了中央地震工作领导小组及其办公室，1970年召开了第一次全国地震工作会议；1971年8月，国务院批准成立国家地震局；1972年，全国有24个省、自治区、直辖市组建了地震工作机构，专业队伍达9000余人。同时，确立了“在党的一元化领导下，以预防为主，专群结合，土洋结合，大打人民战争，依靠广大群众做好预测预防工作”的地震工作方针。

邢台地震拉开了我国大陆第四个地震活跃期的序幕。此后十年间，我国经受了一系列灾害性地震的洗礼，同时也为探索地震预报提供了实践的机遇。广大地震科技工作者废寝忘食、风餐露宿，开展预报实验，边实践、边预报，初步形成了“长、中、短、临”渐进式预报思路，奠定了地震监测手段和预报方法的基础，并成功预报了海城、龙陵、松潘等强烈地震。

1976 年唐山地震之后，我国的防震减灾事业进入一个全面发展的时期。

1975 年 2 月 4 日，经过广大地震工作者的积极探索，成功地预报了辽宁海城 7.3 级地震，挽救了十余万人的生命，广大地震工作者倍受鼓舞。正当地震工作者认真总结经验的时候，1976 年 7 月 28 日，唐山地震发生了 7.8 级地震给我国人民带来了深重的灾难，给地震工作者带来更多的深思和警示：地震预报是一项世界性的科学难题，攻克难关决不是一蹴而就的事情，需要几代人甚至几十代人长期坚持不懈地努力。地震工作的目的是最大限度地减轻地震灾害，要达到这一目的，仅仅靠地震预报一条途径是远远不够的。1975 年海城地震虽然预报成功，但仍难以避免由于建筑物倒塌造成的经济损失；1976 年唐山地震的灾难，除了未能作出短临预报之外，城市没有进行抗震设防，人们对地震灾难缺乏心理、组织准备，缺乏基本的知识和自救互救常识等，也是蒙受巨大损失的重要原因。减轻地震灾害不是单纯的科技行为，也不是仅靠少数部门所能完成和实现的。减轻地震灾害是一项需要社会各个方面密切配合、共同参与的系统工程。

正是基于上述认识，包括地震监测预报、地震灾害预防、地震应急、震后救灾与重建等四个环节的综合防震减灾工作的思路逐步形成。1994 年，国务院在广州召开全国防震减灾工作会议，提出了“在各级政府和全社会的共同努力下，争取用十年左右的时间，使我国的大中城市和人口稠密、经济发达地区具备抗御 6 级左右地震的能力”的目标，确立了防震减灾四个环节的工作任务，防震减灾综合能力显著提高，为新世纪的防震减灾事业奠定了基础。

在这一时期，地震科技工作者系统总结经验，深入反思教训，加强地震预测预报方法的清理攻关与研究，同时开展了一系列地震科技的现代化建设，如：地震观测台网的现代化建设、地震通讯网络的建立、地震数据处理的计算机化、前兆观测仪器的技术改造等等。在这一时期，地震系统加强了体制改革，队伍建设和国际合作的工作也得到了很大发展。

1997 年以来，随着防震减灾法的颁布实施，我国的防震减灾事业开始步入法制轨道。

1997 年，全国人大通过了《中华人民共和国防震减灾法》，以法律的形式确立了“预防为主，防御与救助相结合”的工作方针，确立了由地震监测预报、地震灾害预防、地震应急、震后救灾与重建四个环节组成非常全面的防震减灾工作体系，防震减灾工作步入法制轨道。2000 年，国务院在唐山召开全国防震减灾工作会议，提出了建立健全地震监测预报、震灾预防、紧急救援三大工作体系的重要任务。三大工作体系的提出，是对我国几十年防震减灾工作经验的总结，是新的形势下防震减灾工作措施在理论高度上的升华，指明了走有中国特色的防震减灾道路的方向，为有效减轻地震灾害，为经济建设和社会发展提供更加安全的保障，对我国防震减灾事业全面、协调发展发挥了极大的促进作用。2004 年，国务院在北京召开全国防震减灾工作会议；提出了到 2020 年防震减灾工作的奋斗目标，同时提出了“突出重点、全面防御，健全体系、强化管理，社会参与、共同抵御”的三大战略要求。

防震减灾法的颁布实施和两次全国会议的召开，充分体现了我们对防震减灾工作的认识逐步深化，防震减灾理论逐步完善。相应地，防震减灾工作逐步从过去单纯的监测预报向三大工作体系拓展，逐步从过去单纯的科学事业行为向社会管理和公共服务拓展，逐步从过去单纯依靠自身的力量，向各级政府领导下、相关部门各负其责、全社会共同参与拓展。防震减灾事业“面向社会、面向科技、面向经济、面向市场”的理念逐步确立。所有这些，都极大地促进了防震减灾事业的快速发展，我国的防震减灾事业进入了一个全新的发展时期。

综上所述，我国是世界上地质灾害最严重的国家之一，也是灾害记录最早、与自然灾害斗争最富有经验的国家之一。从某种意义上来说，中华民族的文明史，也是一部与自然灾害斗争的历史。这些宝贵的史料，真实记录了我国各个历史时期地质灾害的概况和主要地质灾害事件，揭示了地质灾害对社会发展的影响和社会发展的人为致灾因素，反映了人类的灾害历史观和在防治地质灾害方面的探索与实践。这对研究我国地质灾害发生发展的规律有着极为重要的价值，对总结防治地质灾害的历史经验教训、制定我国防治地质灾害对策有着重要意义。

2　自然成因的主要地质灾害

人类生活的地球由于自身的变化和天体的影响，使其整体和各个圈层处于不断的运动和变化之中，使人类赖以生存的自然环境时刻发生着或好或坏的变化。当变化的程度超过一定限度，就会危及人类社会，造成人员伤亡和财产损失，这就是自然灾害。因此，自然灾害的产生是自然变化与社会经济发展作用的结果，它既有自然因素也有社会因素，具有双重属性。自然灾害的形成和严重程度是由自然与社会两方面因素决定的。在一般情况下，自然变异程度不超过社会承受能力，只可能出现自然变异现象；但当自然变异程度超过社会承受能力时，则可导致人员伤亡和财产损失，造成自然灾害。自然灾害主要有地质灾害、气象灾害、生物灾害等。由于地质灾害往往造成可怕的灾难和难以估计的损失，所以人们对其尤为注意。一般认为，地质灾害是指由于地质作用（自然的、人为的或综合的）使地质环境产生突发的或渐进的破坏，并造成人类生命财产损失的现象或事件，具有突发性、多发性、群发性和渐变影响等特点。在各种地质灾害中，地震、火山、滑坡、泥石流、崩塌、地裂缝、洪灾等类型的地质灾害尤为突出。

连绵的山峦处处黛绿，田地里散发着阵阵农作物的清香，村头屋角小孩们在嬉戏，从村内不时传来犬吠鸡鸣声，眼前的村落一派静谧安详。只有村中机耕路上竖立的一块块避难撤离指示牌在提醒着过往的人们，这美丽平静的背后存在着巨大的地质灾害隐患。尤其是夏季易发的各种地质灾害，如泥石流、山体崩塌等，时刻威胁着这里的村民。这是我国某一小山村的真实写照。像这样的地方在我国还有很多，各种地质灾害威胁着人民群众的生命和财产安全。

图 2－1 是我国主要地质灾害的分布图，从图中可以看出我国的地质灾害的

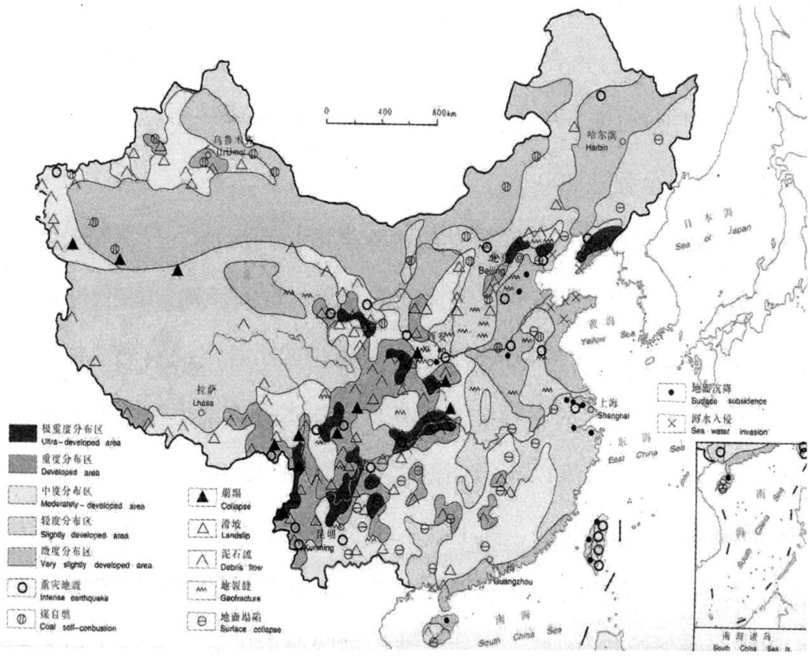

图 2-1 中国地质灾害分布图

特点主要表现在：国土面积广袤，地质结构复杂，地质灾害点多面广，灾害防治形势严峻。我国位于亚洲大陆东部，濒临太平洋，季风气候显著，具有较明显的纬度和经度分带特征，气候类型多样，如暴雨、冰雹、洪水、干旱等不良气候因素经常导致地质灾害的发生；在西北、华北和东北地区，气候干旱少雨，土地风沙化、沙漠化及土地冰融等灾害发生频繁，西南地区地形地貌变化起伏较大，具备了发生滑坡、崩塌、泥石流等地质灾害的基本物质条件。我国的地质灾害种类多、分布广、影响大。主要有：

（1）地震。地震是一种最严重的地质灾害。我国是世界上地震灾害最严重的国家之一，全国大部分省区都发生过 6 级以上的地震。1976 年 7 月 28 日，唐山 7.8 级地震，使上百万人口的工业重镇，顷刻间成为一片废墟。它是 20 世纪全球破坏性最大的地震之一。2008 年 5 月 12 日的汶川地震，是我国 1949 年新中国成立以来破坏性最强、波及范围最广的一次地震。

（2）滑坡。滑坡又称塌方、地滑，指斜坡上的岩体或土体在重力作用下，沿一定的滑动面整体下滑的现象。它会破坏或掩埋坡上和坡下的农田、建筑物和道路，造成人员伤亡。云南是我国滑坡灾害最严重的省份之一。1965 年，云南禄劝滑坡死亡 400 多人；1986 年，东川铁路支线大梨树滑坡，使铁路停运 90 天，损失 1000 万元以上；1987 年金沙江畔宁浪县长坪滑坡，使金沙江水颜色变黑，污水流至渡口市，全程达 300 多千米。

（3）泥石流。泥石流是山区暴发的特殊洪流，是泥沙、石块等固体物质在水和重力的作用下，沿坡面或沟谷突然流动的现象。泥石流流动的全过程一般有几小时，短的只有几分钟，破坏力极强。1981 年，四川甘洛泥石流造成 300 多人死亡。2000 年 4 月 9 日晚 8 时，西藏波密县贡乡扎木龙山发生特大泥石流，在短时间内 4. 8 亿立方米的泥石流以排山倒海之势从海拔 5520 米的雪山倾泻而下，形成一个长 2500 米、宽 1500 米、高 180 米的大坝，造成交通中断，4000 多名藏族同胞被困。我国山区面积占国土总面积的 2/3，地表的起伏增加了重力作用，加上人类不合理的经济活动的扩大，地表结构遭到严重破坏，使滑坡和泥石流成为一种分布较广的自然灾害。目前已查明我国共发育有较大的泥石流 2000 多处，崩塌 3000 多处，滑坡 2000 多处，中小规模的崩塌、滑坡、泥石流多达数十万处。全国有 350 多个县的上万个村庄、100 余座大型工厂、55 座大型矿山、3000 多千米铁路线受到泥石流、崩塌、滑坡等地质灾害的严重威胁。

（4）塌陷。我国除北京、天津、上海、河南、甘肃、宁夏、新疆以外的 24 个省、自治区、直辖市都发现了岩溶塌陷灾害；地裂缝出现在陕西、河北、山东、广东、河南等 24 个省（区、市），共 1200 多处。全国岩溶塌陷总数近 3000 处，塌陷坑 30000 多个，塌陷面积 300 多平方千米。黑龙江、山西、安徽、江苏、山东等则是矿山采空塌陷严重发育区。据不完全统计，在全国 20 个省、自治区内共发生过采空塌陷 180 处以上，塌陷面积超过 1000 平方米。

据统计，20 世纪 80 年代末至 90 年代初，崩塌、滑坡、泥石流等 15 种主要地质灾害，所造成的经济损失每年达 100 多亿元，300 ~ 400 人死亡；90 年代中期以来，主要地质灾害（除地震外）每年造成死亡的人数超过 1000 人，经济损失高达 200 多亿元，一些地区和县（市）的地质灾害已成为危害地方社会经济发展的重要因素。

2.1 地震

在洪水、台风、干旱等自然灾害中，地震以其突发性强、破坏性大、波及范围广、灾情复杂等特点被称为群灾之首。据专家不完全统计，在过去的500年中，世界上有700多万人死于地震；20世纪，全球死于地震的人数约120万人，造成的经济损失达1000多亿美元。目前，全世界每年因地震灾害造成的死亡人数平均为1万人。地震除了本身具有很大破坏性外，还可能引发一系列地质灾害或其他次生灾害，2008年汶川大地震造成的堰塞湖，2011年日本大地震造成的核泄漏、海啸，至今还让人们谈之色变。

我国的地震灾害同样相当严重。据统计，20世纪我国地震造成的死亡人数约60万人，占同期全球地震死亡人数的一半。20世纪中造成死亡人数最多的两次地震是：1920年宁夏海原8.5级地震，造成23.5万多人死亡；1976年唐山7.8级地震，造成24.4万多人死亡，16.4万多人重伤。我国地震死亡人数约占所有自然灾害死亡总人数的54%，比其他各类灾害造成的死亡人数总和还要多（图2-2、图2-3）。

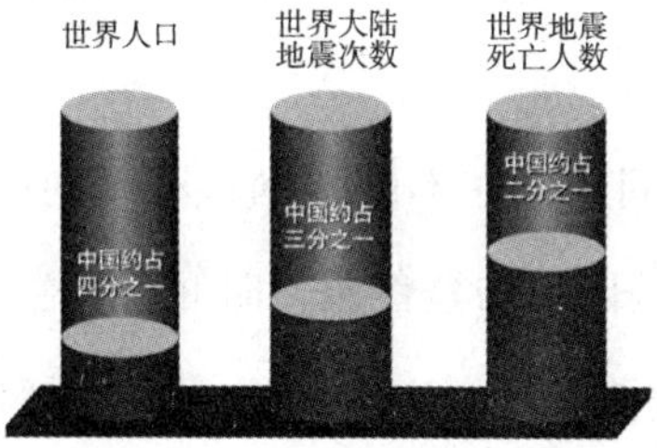

图2-2　中国地震灾害死亡人数比例

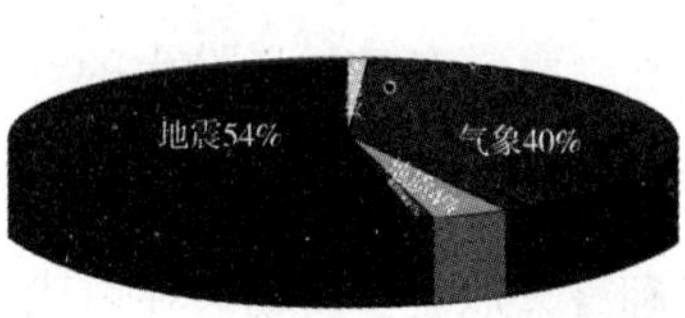

图2-3　我国自然灾害死亡人数比例

破坏性地震越来越引起世人的关注，驱动着地震科学家和工程师们去研究它。

人类在渴望——能够了解地震孕育、发展的过程，能够捕捉地震前的点滴征兆，在地震来临前能够做一点准备。

人类在努力——学习躲避地震的知识，提高自救与互救的能力，当遭遇地震时，能够有效地保护自己和帮助亲人。

人类还希望——自己居住的房屋建筑更合理、更结实、更坚固，能够免于或减轻地震带来的损失，使它成为安全生活的真正乐园。

…………

面对严峻的地震形势，在地震预报仍是一个世界性难题的今天，学习防震知识，对于减轻地震灾害意义重大。

2.1.1 地震成因

早在公元前19世纪，中国古人就开始了对地震的记载。《竹书纪年》写道：夏帝发七年（公元前1831年）泰山震。这是世界上最早的地震记载，距今已有3800多年了。公元前780年（周幽王二年），我国已开始详细描述地震。当年陕西发生一次大地震，《诗经》上做了详尽的描述，其大意是：闪闪的电光，轰轰的雷鸣，这种不祥的现象，多么叫人不能安宁；千百条河流在沸腾，巍峨的山顶在塌崩，高岸变成了低谷，深谷变成了丘陵。在我国5000多年的历史资料中，记载的地震至少有近万次，其中破坏性地震近3000次，8级以上特大地震有18次。这些记载的时间之久远，内容之详尽，都是举世无双的，是世界上最悠久、最完整的地震历史资料，为今天的科研工作者对地震现象做深入研究提供了丰富的资料。

那么地震究竟是怎样发生的？关于这个问题，在不同的国家有不同的传说。我国古代流传着这样一个传说：地下住着一条巨大的鳌鱼怪，时间长了它就要翻身，一翻身大地便会震动。在古代，人们一直把地震灾害归结于某种神秘的自然力量。许多民族相信，大地由一些动物支撑着，这些动物一动就会产生地震。类似的传说还有日本的鲇鱼、印度的海龟、新西兰的“地母”，以及古希腊神话中掌管地震的神——海神普舍顿。

除了有关神灵怪兽主宰地震的传说，也有人用朴素的唯物主义观点看待地震，对地震的成因进行解释，从而形成了丰富多彩的地震文化。古希腊哲学家亚里士多德认为，地震是由地下风洞的风突然刮出来形成的，他认为小的地震来自于风洞，而大的地震是外面的空气进入风洞，在里面被加热，然后喷发出来，使得地动山摇。我国最早解释地震现象的是周朝时期的“阴阳说”，它指出地震产生是阴阳矛盾着的物质失去平衡的结果，而不是什么超自然的力量在支配。还有一种就是“天文因素说”，认为地震的发生与某些天体的运动有关系，把天体运行的相对位置的错动，视为地震发生的原因。我国古代还有不少人用“天命论”“天人感应”去解释地震，认为地震是上天惩罚人们罪行的一种方式，如果人们知道悔改的话，地震就会停止，否则，就会有更严厉的惩罚。

随着科学的发展，人们对地震的认识逐渐从神话中走出。到了 20 世纪初，科学家们开始专门对地震波进行深入的研究，并陆续提出了比较有影响的三个假说：一是 1911 年理德提出的“弹性回跳说”。他认为，地球内部的应变能量不断积累，到一定程度时超过岩石的承受能力，使岩石发生断裂，产生断层。断层形成后，岩石弹性回跳，恢复原状，于是将积累的能量突然释放，引起地震。二是“岩浆冲击说”。这是 1955 年日本的松泽武雄提出的，他认为，地下岩石导热不均匀，部分熔融后体积膨胀，挤压周围的岩石并致其破裂产生地震。三是“相变说”。美国学者布里奇曼提出地下的物质在一定的临界温度和压力下，从一种状态转化成另外一种状态，体积突然发生变化从而引发地震。

虽然，地震之谜至今还没有完全解开，但随着物理学、化学、数学、地质学、古生物学、天文学等学科的不断深入发展并互相交叉渗透，地震学科得到了进一步的发展。现代科学对地震做了如下解释：地下岩层受地应力作用，当所受的地应力太大，岩层不能承受时，就会发生突然、快速破裂或错动，岩层破裂或错动时会激发一种向四周传播的地震波，当波传到地面时，就会引起地面的震动，这就是地震（图 2－4）。

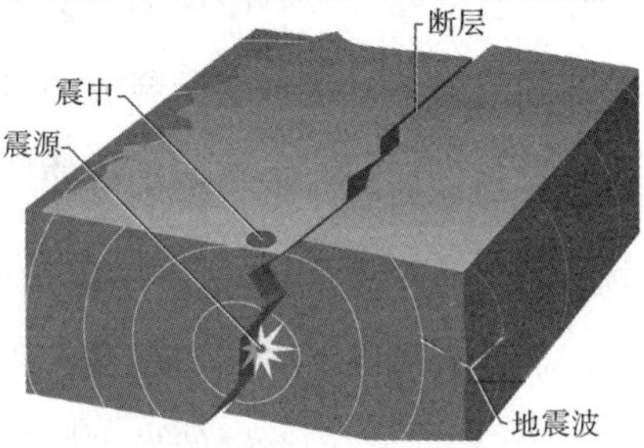

图 2－4 地震发生示意图

地震波发源的地方，叫作震源。震源在地面上的垂直投影或地面上离震源最近的一点称为震中，它是接受振动最早的部位。震中到震源的深度叫作震源深度。地震所引起的地面振动是一种复杂的运动，它是由纵波和横波共同作用的结果。由于纵波传播速度较快，横波传播速度较慢，震中区的人们，往往先感觉到上下跳动，随后感到水平晃动。

在我们人类居住的地球上，每年都要发生500余万次大大小小的地震，每天都有地震发生。只是大部分的地震我们感觉不到，只有十分灵敏的仪器才能监测出来。人类能感觉到的地震约5万次，可能造成破坏的5级以上地震约1000次，造成巨大破坏的7级以上地震有10多次。因此，人类不能寄希望于自己生活的这个地球不会发生地震，而是要学会与地震共存。

地球是一个很大的椭球体，由地表向地心依次为地壳、地幔和地核（图2-5）。如果把地球比作一个鸡蛋，那么地壳、地幔和地核分别就是蛋壳、蛋清和蛋黄。大多数破坏性地震就发生在地壳内。地壳是地球的一层薄薄的外壳，其厚度极不均匀，大陆的地壳较厚一些，平均约33千米，其中青藏高原的地壳厚度达65多千米，太平洋的地壳厚度只有5~8千米。地壳主要由各种岩石组成，同宇宙中的一切物质一样，它处在一种不停运动和变化之中。地壳的这种变化和运动的动力主要来自内部的放射性元素衰变所释放的能量，以及地球的自转变化。地壳运动分为水平运动和垂直运动。水平运动可使地下的岩层发生水平位移和弯曲变形，造成巨大的褶皱山系；垂直运动使组成地壳的岩层产生上升或下降，造成岩层隆起或凹陷，在地表形成不少的“褶曲”和“断层”等极不稳定的地质构造。在各种力量的作用下，它们会继续发生倾斜和弯曲等运动，当变形的力度超过岩层所能承受的限度时，地层会突然发生断裂和错动，使长期积聚起来的能量以地震波的形式急剧地释放出来，形成地震。已有断裂也会“黏结”，并再次发生破裂和错动。

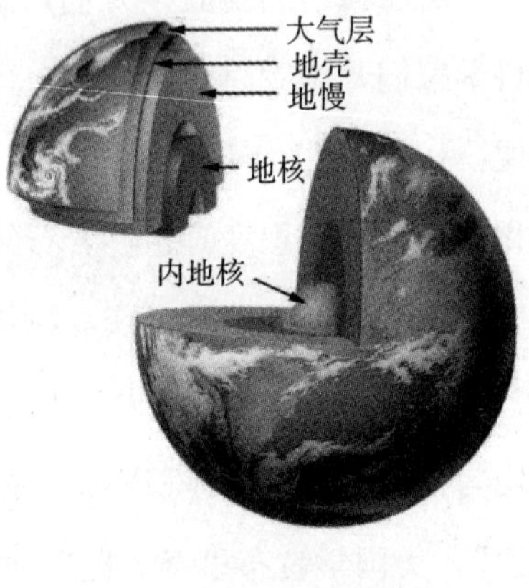

图2-5 地球的结构示意

2.1.2 地震的分类

为了对地震进行研究、表述和理解，人们根据地震本身的性质和特点，对它进行了科学的分类。依据不同的标准，可以将地震划分为不同类型（表2-1）。

表 2－1　地震分类简表

序号	分类标准	种类
1	地震成因	天然地震
		诱发地震
		人工地震
2	震源深度	浅源地震
		中源地震
		深源地震
3	震中距离	远震
		近震
		地方震
4	震级	微震
		弱震
		中强震
		强震
5	发震序列特征	孤立型地震
		主震－余震型地震
		双震型地震
		震群型地震
6	人体感知	无感地震
		有感地震

（1）按照地震成因分类

按照地震成因分类，一般把地震分为天然地震、诱发地震和人工地震。

1）天然地震。地球内部活动引发的地震，主要包括构造地震、火山地震和陷落地震（图 2－6）。其中，构造地震是指构造活动引发的地震，世界上 85%～90% 的地震以及所有造成重大灾害的地震都属于构造地震。这类地震对人类的影响和威胁最大。如 2008 年汶川 8.0 级地震，这次地震Ⅵ度以上的破坏范围超 31.5 万平方千米；1976 年唐山 7.8 级地震，造成 24.273 万人遇难，16.4 万多人受伤。火山地震是指火山活动引发的地震，火山地震约占全球地震总数的 7%。我国的吉林和黑龙江等地，在历史上曾有过火山活动。目前，我国已经对吉林长白山、黑龙江的五大连池等历史上有火山活动的地区加强了地震监测。陷落地震是由于地下岩层陷落引起的地震。这类地震主要发生在石灰岩等易溶岩分布的地区，仅占全球地震总数的3%左右，但对生产和生态的破坏作用却不可忽视。例如，1981年1月广西玉林县南口乡的局部地区，在那里居住的人们当时曾听到地下发出隆隆声，不久就发生了陷落地震，而且几天内接连塌陷了200余处，许多房屋和农田遭到破坏。

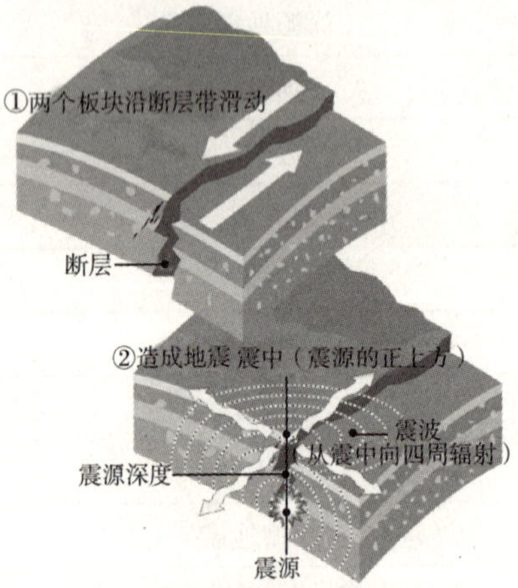

a.构造地震

b.火山地震

c.陷落地震

图2-6　天然地震示意图

2）诱发地震。人类活动引发的地震，主要包括矿山诱发地震和水库诱发地震。其中矿山诱发地震是指矿山开采诱发的地震；水库诱发地震是指水库蓄水或水位变化弱化了介质结构面的抗震强度，使原来处于稳定状态的结构面失稳而引发的地震，全世界已知有近百个水库蓄水后诱发了地震，其中中国有十几个。1963年3月19日发生在广东新丰江水库的6.1级地震，导致混凝土大坝产生了382米长的裂缝。

3）人工地震。由于核爆炸、爆破等人为活动引起的地震。例如，1996年7月21日15时35分和8月13日12时17分，山东地震台网等记录到在渤海海峡分别发生3.0和3.4级地震，经调查是人工海上爆破引发的。原来1992年10月，国外某个远洋航运公司的一艘万吨级货轮在渤海海峡国际航道上沉没，一直影响海运安全，中国有关部门于1996年7月21日15时35分使用13.6吨TNT进行爆破清除，但未成功；8月13日12时17分实施第二次爆破，使用110吨TNT，沉船全部被炸碎，航道障碍得以清除。在修建公路、铁路、水库、机场和城市建设中经常进行的爆破作业，也会引发人工地震，应注意其造成的社会影响。

（2）按照震源深度分类

按照震源深度的不同，可以把地震分为浅源地震、中源地震、深源地震。

1）浅源地震。震源深度小于60千米的地震。全世界85%以上的地震都是浅源地震。浅源地震的发震频率高，占地震总数的72.5%，所释放的地震能占总释放能量的85%。其中，震源深度在30千米以内的占多数，是地震灾害的主要制造者，对人类影响最大。我国的2008年汶川8.0级地震和2010年玉树7.1级地震都属于浅源地震，危害极大。

2）中源地震。震源深度为60~300千米的地震。中源地震的发震频率较低，占地震总数的23.5%，所释放的能量约占地震总释放能量的12%。绝大多数中源地震发生在环太平洋地震带上，分布在岛弧的里侧和海岸山脉一带，一般不造成灾害。2010年9月24日19时47分（北京时间15时47分），新西兰北岛发生5.6级地震。震中位于北岛中部小镇托科罗阿以东10千米处，震源在地表以下200千米处。地震发生时，北岛中部地区有明显震感，但无人员伤亡或财产损失的报道。中国的中源地震主要分布在台湾省东部的沿海、西藏南部江孜、达旺附近以及新疆西部的塔什库尔干、麻扎一带。

3）深源地震。震源深度在300千米以上的地震。深源地震一般不会造成破坏和灾害。目前世界上记录到的最深的地震是1963年发生在印度尼西亚伊里安查亚省北部海域的地震，震源深度达768千米。我国的深源地震主要分布在吉林省的延吉、安图、珲春和黑龙江省的穆棱、乐宁、牡丹江一带，震源深度一般为400~600千米。

可以将中源地震和深源地震统称为深震。一般来说，同样大小的地震，震源越浅，对地面所造成的影响就越大。

(3) 按照震中距离分类

根据震中距离的不同，地震可分为远震、近震、地方震。

1) 远震。震中距大于1000千米的地震称为远震。

2) 近震。震中距在100~1000千米的地震称为近震。

3) 地方震。震中距在100千米内的地震称为地方震。

这种分类是相对分类，如2011年3月11日，日本9.0级地震，对于震中附近的海域来说是地方震，对于宫城县、东京来说是近震，而对于我国大陆来说就是远震。其实人们凭感觉也可以大致判别是地方震或是近震。一般来说，若只感到上下颠动，则为地方震；若先感觉到微弱上下颠动，然后随之而来的是较强的水平晃动，即为近震。

(4) 按照震级大小分类

按照震级的大小，地震可分为微震、弱震、中强震、强震。

地震级别的测量与计算是美国地震学家里克特在1935年提出来的，所以在表述地震级别时常说“里氏”多少级地震。它是指地震的大小，是以地震仪测定的每次地震活动释放的能量多少来确定的。震级每相差1.0级，能量相差大约32倍。我国目前使用的震级标准，是国际上通用的里氏分级表，共分9个等级，在实际测量中，震级则是根据地震仪对地震波所作的记录计算出来的。

1) 微震。震级小于3级的地震。在身边经常会发生，人们一般没有感觉，只有专门的测震仪才能监测到。

2) 弱震。震级等于或大于3级、小于4.5级的地震。只有在一定范围的人们才能感觉到，一般不会造成太大灾害。

3) 中强震。震级等于或大于4.5级、小于6级的地震。在一定范围内可能会给人们带来破坏，尤其是建造不结实的房屋会受到大的破坏，但是只要正确掌握应急措施就会减少不必要的伤害。

4）强震。震级等于或大于6级的地震。也有人把震级等于或大于7级的地震称为大震。

（5）按照发震的序列特征分类

按照发震的序列特征，地震可分为孤立型地震、主震—余震型地震、双震型地震、震群型地震。

1）孤立型地震。又称单一主震型，是指前震、余震都很稀少且与主震震级相差非常大的地震序列，地震能量基本上是通过主震一次释放的。这类地震比较少见。如1996年11月19日上海近海海域发生的6.2级地震。

2）主震—余震型地震。一个地震序列中，最大的地震特别突出，所释放的能量占全部序列的90%以上，叫主震。其他的地震，发生在主震前的叫前震；发生在主震之后的叫余震。该类型地震的余震次数较多，持续时间较长。如1976年7月28日唐山7.8级地震。

3）双震型地震。一次地震活动序列中，由两个时间间隔不长，地点、大小相近的地震释放全序列能量的90%以上。如1966年的邢台地震，先是3月8日在隆尧县（北纬37度21分，东经114度55分）发生6.8级地震，3月22日在宁晋县（北纬37度32分，东经115度03分）发生7.2级地震，是典型的双震型地震。地震发生后，漫天飘雪。中国总理周恩来三赴震区，百姓的苦难使他落泪，他指示中国一定要有自己的地震预报系统。

5）震群型地震。地震序列的主要能量是通过多次震级相近的地震释放出来，没有明显的主震。最大地震在全序列中所占能量比例一般均小于80%。其特点是地震频度高，能量的释放有明显的起伏，衰减速度慢，活动的持续时间长。2010年6月28日12时41分至6月29日17时，广西地震台网共记录桂西北的凌云县与凤山县交界区域发生地震304次，即属震群型地震。

（6）按人体感知分类

按人体感知可以把地震分为无感地震、有感地震。

无感地震。震度非常微弱，只有专门的地震仪器能测得的地震。一般来说，震级小于3级，人们往往感觉不到。

有感地震。人们可以感受到震动的地震。

2.1.3 地震的分布

如果多留意新闻报道，我们会发现，某些地方经常发生地震，而另外一些地方则平静得多。原因无他，地震的分布也是有规律的。从空间来看，全球的地震分布很不均匀，存在着一些震中密集的地带。在这些地带外，地震很少，且分布零散。科学家通过研究发现，这些地带的存在与一定的地质构造相关，全球地震最频繁的区域几乎都分布在板块的边缘。于是，我们将这些地壳板块与板块之间发生挤压、碰撞的地带，也就是地震活动强烈的地带，称为“地震带”。全球最大的两个地震带是环太平洋地震带和欧亚地震带，分布着占全球85%的浅源地震、全部的中源和深源地震。

在这些地震带外，处于大陆（或板块）内部的中国华北、蒙古杭爱山、澳大利亚、印度和美国东部等区域，也有分布零散、频度低、强度高的地震发生。而在如加拿大、巴西、西伯利亚、北欧、阿拉伯和南极洲等的大陆内部，以及除洋中脊带外的大洋盆地内部则很少或几乎没有大地震发生。

从时间上来看，地震带内地震活动时间分布也是不均匀的，显著活动期与相对平静期交替发生，以几十年、几百年，乃至上千年的间隔重复出现。地震带内积累能量有的以一次8级以上地震和若干中小地震的方式释放，形成主震型地震序列；有的以一段时期内的多次7~7.5级地震的方式释放，形成震群型地震序列。

（1）世界地震带的分布

从世界范围看，全球可分为三大地震带，即环太平洋地震带、地中海—喜马拉雅山地震带（欧亚地震带）和海岭地震带（大洋中脊地震带）（图2-7）。

环太平洋地震带主要指环太平洋的弧形地带。西段北起阿留申群岛，经千岛群岛、日本岛、琉球群岛、中国台湾岛、菲律宾群岛至新西兰；东段北起阿拉斯加，经北美、中美、南美西海岸直至安第斯山脉南端。由于太平洋板块运动最快，一下子直接从海沟俯冲插入地球的“心脏”，导致板块变形，不断引发地震。

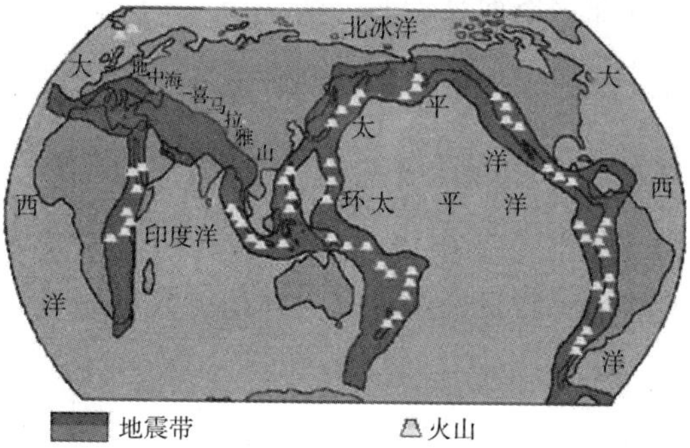

图 2－7　全球地震带分布图

这里集中了全世界约 80% 以上的浅源地震，集中了几乎所有的中源地震和深源地震。这条地震带所释放的地震能量约占全球地震能量的 80%，是世界上最主要的地震带。世界上的主要火山也分布在这条地震带上，又称为环太平洋火山地震带。

地中海—喜马拉雅山地震带（欧亚地震带）从地中海北岸起，沿着阿尔卑斯山脉，经亚平宁半岛、中亚至喜马拉雅山脉地区分布。这条地震带上的地震主要是由非洲、阿拉伯和印度板块不断向北移动，与欧亚板块发生碰撞而造成的，这条地震带集中了地球上 15% 的地震，主要是浅源地震和中源地震，几乎没有深源地震。

海岭地震带（大洋中脊地震带）分布在太平洋、大西洋、印度洋、北冰洋的海岭（海底山脉），也频频发生地震，人们称之为海岭地震带。这个地带发生的地震所释放的能量约占全球地震能量的 5%。它是全球最长的地震带，绵延 6 万多千米，但地震的强度远小于其他两个地震带。

（2）中国地震带的分布

中国地处欧亚大陆东部和太平洋的西岸，正好“夹”在环太平洋地震带与地中海—喜马拉雅山地震带之间，其中台湾岛就在环太平洋地震带上，青藏高原则在地中海—喜马拉雅山地震带上。由于我国处于欧亚板块东部，受到来自印度洋板块西南方向和来自太平洋板块西北方向的挤压，东部地区受环太平洋地震带的影响显著，西部地区受地中海—喜马拉雅山地震带的影响较大，新疆、西藏、青海、四川、云南正好处在这条地震带的终端（图2－8）。

特殊的地理位置，使我国地震活动不仅频率高、强度大，而且地震活动的范围很广，几乎全国各省均发生过强震，比如，1976年唐山7.8级大地震、2008年汶川8.0级特大地震、2013年芦山7.0级强烈地震等都给人们带来了巨大伤痛。据统计，我国大陆地震数量约占世界大陆地震数量的三分之一，平均每年发生30次5级以上的地震。上世纪至今全球大陆7级以上强震中，我国约占35%。因此中国是一个多地震的国家。

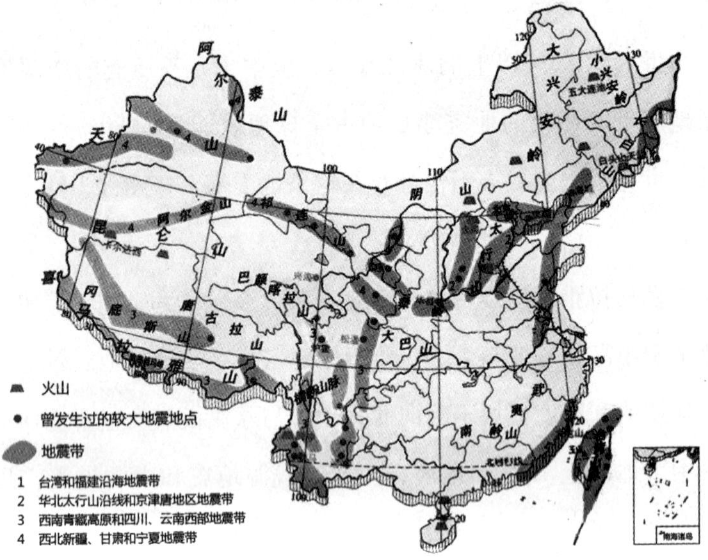

图2－8 中国强震及地震带分布图

（3）我国地震活动的五个区

从历史上来看，我国的强震具有明显的分带性，地震活动主要分布在5个地区的23条地震带上。根据历史资料的记载，中国西部地震最多，而且震级较高，然后是东部，南部（台湾除外）和北部相对平静许多。

1）台湾及其附近海域

我国的台湾省位于环太平洋地震带上，所以地震活动非常频繁。但是，这里的地震多发生在外海，所以造成的灾害相对来说比较小。

2）西南地区

西南地区的地震主要集中在西藏、四川西部和云南中西部。

青藏高原地区包括兴都库什山、西昆仑山、阿尔金山、祁连山、贺兰山、六盘山、龙门山、喜马拉雅山及横断山脉东翼诸山系所围成的广大高原地域。涉及青海、西藏、新疆、甘肃、宁夏、四川、云南全部或部分地区，以及苏联、阿富汗、巴基斯坦、印度、孟加拉国、缅甸、老挝等国的部分地区。

四川、云南这两个地区是我们国家地震活动强烈的地区，有历史记录以来共发生7级以上的强震23次，主要是沿鲜河水—小江地震带和滇西（腾冲—澜沧断裂）地震带分布。这个地区是我国最大的一个地震区，也是地震活动最强烈、大地震频繁发生的地区。据统计，这个区8级以上地震发生过9次，7~7.9级地震发生过78次，均居全国之首。

3）西北地区

西北地区的地震主要集中在甘肃河西走廊、青海、宁夏、天山南北麓。新疆的强震主要沿南天山和北天山地震带发生。由于新疆地震区人烟稀少，经济不是很发达，尽管强烈地震比较多，也比较频繁，但多数地震发生在山区，造成的人员和财产损失与我国东部的几条地震带相比，要小得多。

4）华北地区

华北地区的地震主要集中在太行山两侧、汾渭河谷、阴山—燕山一带、山东中部和渤海湾。

华北地震区包括河北、河南、山东、内蒙古、山西、陕西、宁夏、江苏、安徽等省的全部或部分地区。在五个地震区中，它的地震强度和频度仅次于“青藏高原地震区”，位居全国第二。由于首都圈位于这个地区内，所以格外引人关注。据统计，这个地区有据可查的8.0级地震曾经发生过5次；7~7.9级地震曾发生过18次。值得注意的是，此地区是我国人口稠密、大城市集中、政治和经济、文化、交通都很发达的地区，地震灾害的威胁非常严重。华北地震区共分四个地震带：

郯城—营口地震带。此地震带包括从宿迁至铁岭的辽宁、河北、山东、江苏等省的大部或部分地区，是我国东部大陆地区一条强烈的地震活动带。1668年山东郯城8.5级地震、1969年渤海7.4级地震、1974年海城7.4级地震就发生在这个地震带上。据记载，本地震带共发生4.7级以上地震60余次，其中7～7.9级地震6次，8级以上地震1次。

华北平原地震带。此地震带南界大致位于新乡—蚌埠一线，北界位于燕山南侧，西界位于太行山东侧，东界位于下辽河—辽东湾凹陷的西缘，向南延到天津东南，经济南东边达宿州一带，是对京、津、唐地区威胁最大的地震带。1679年河北三河8.0级地震、1976年唐山7.8级地震就发生在这个地震带上。据统计，本地震带共发生4.7级以上地震140多次，其中7～7.9级地震5次，8级以上地震1次。

汾渭地震带。此地震带北起河北宣化—怀安盆地、怀来—延庆盆地，向南经阳原盆地、蔚县盆地、大同盆地、忻定盆地、灵丘盆地、太原盆地、临汾盆地、运城盆地至渭河盆地，是我国东部又一个强烈地震活动带。1303年山西洪洞8.0级地震、1556年陕西华县8.0级地震都发生在这个地震带上。1998年1月张北6.2级地震也在这个地震带的附近。有记载以来，本地震带内共发生4.7级以上地震160次左右，其中7～7.9级地震7次，8.0级以上地震2次。

银川—河套地震带。此地震带位于河套地区西部和北部的银川、乌达、磴口至呼和浩特以西的部分地区。1739年宁夏银川8.0级地震就发生在这个地震带上。本地震带内，历史地震记载始于公元849年，由于历史记载缺失较多，据已有资料，本地震带共记载4.7级以上地震40次左右，其中6～6.9级地震9次，8级地震1次。

5）东南沿海的广东、福建等地

我国东南沿海地震带从地理位置上来讲，主要包括福建、广东两省以及江西、广西邻近的一小部分。这条地震带受与海岸线大致平行的新华夏系北东向活动断裂控制，另外一些西北向活动断裂在形成发震条件中，也起到了一定的作用。这组北东向活动断裂从东到西分别为：长乐—诏安断裂带、政和—海丰断裂带、邵武—河源断裂带。沿断裂带发生过多次破坏性地震，如沿长乐—诏安断裂带曾经发生过1640年泉州海外8.0级大地震和南澳附近的一系列强震，沿邵武—河源断裂带曾发生过1806年会昌6.0级地震、1962年河源6.1级地震和1987年寻乌5.8级地震，政和—海丰断裂带也曾经发生过破坏性地震，但强度比较低。

（4）我国强震活动的特点

我国的地震活动十分广泛，除浙江、贵州两省外，其他各省（自治区、直辖市）都发生过6级以上强震，其中18个省（自治区、直辖市）发生过7级以上大震，约占全国所有省（自治区、直辖市）的60%。

台湾地区是我国地震活动最频繁的地区，1900—1988年全国发生的548次6级以上地震中，台湾地区为211次，占38.5%。我国大陆地区的地震活动主要分布在青藏高原、新疆及华北地区，而东北、华东、华南等地区分布较少。我国绝大部分地区的地震是浅源地震，东部地震的震源深度一般在30千米之内，西部地区则在50～60千米；而中源地震则分布在靠近新疆的帕米尔地区（100～160千米）和台湾附近（最深为120千米）；深源地震很少，只发生在吉林、黑龙江东部的边境地区。自1949年10月1日新中国成立以来，全国共发生8级以上地震3次；我国大陆地区共发生7级以上地震35次，平均每年发生约0.7次；6级以上地震194次，平均每年发生近4次。与近100年的活动水平（大于或等于7级的年均值为0.66次，大于或等于6级的年均值为3.6次）相比较，新中国成立后的强震活动水平高于前50年的活动水平。

另外，我国强震分布显示了西多东少的突出差异。我国大陆地区，绝大多数强震主要分布在东经107°以西的广大地区，而东部地区则很少。据统计，1949—1981年发生的27次7级以上地震中，西部为20次，占74%，东部只有7次，占26%；而6级地震，东部占的比例则更小。在1895—1985年，我国大陆地区发生的全部7级以上地震中，西部占87%，其释放的能量占90.8%。

我国的地震活动具有分布广的特点，6级以上地震几乎遍布全国。然而，地震活动的分布是不均匀的，其活动水平也有较大差异。据统计分析，在全国各省（自治区、直辖市）中，活动水平最高的台湾地区，7级以上地震发生率占全国总数的40%以上，6级以上地震发生率占全国总数的53%以上；在其他各省（自治区、直辖市）中，发生6级以上地震次数大于5次的还有西藏、新疆、云南、四川、青海、河北等，以上7个省（自治区）集中了新中国成立以来发生的绝大多数强震，其中6级以上地震占90%以上，7级以上地震占87%以上。

以上情况充分说明，新中国成立后我国地震活动虽然分布较广，但是呈现西多东少、分布极不均匀的特点。这种分布特征为地震工作布局和确定监测预报及预防工作的重点地区提供了重要事实依据。

2.1.4 地震的危害

研究表明，一个6级地震所释放的能量达3.3万吨炸药的能量，基本等同于美国在第二次世界大战结束前向日本的广岛、长崎投放的原子弹所产生的威力。所以说地震的破坏力是很强的，同时会引发一系列的原生灾害、次生灾害和诱发灾害，对我们的生活和自然环境造成巨大的破坏。

（1）地震原生灾害

破坏性地震发生时，地面剧烈颠簸摇晃，直接破坏各种建筑物的结构，造成其倒塌或损坏；地震也可以破坏建筑物的基础，引起上部结构的破坏、倾倒。建筑物的破坏导致人员伤亡和财产损失，形成灾害。这种直接因地面颠簸摇晃造成的灾害称为地震的原生灾害。地震原生灾害主要有房屋倒塌和人员伤亡；桥梁、铁路、公路、码头、机场、生命线工程、水利水电工程等工程设施遭破坏；喷沙冒水、地裂缝等对建筑物、农田和农作物等的破坏。一般来说，地震原生灾害是地震灾害的主要组成部分。大震，特别是发生在城市和其他人口、工程设施高度密集地区的地震，可能造成数以万计的人员伤亡，有时甚至毁灭整个城市。例如，1976年7月28日唐山大地震中，整个唐山市变成一片废墟（图2－9），共死亡24.2万人，损失达100亿元。2008年汶川大地震中，倒塌的房屋成了直接杀手，掩埋了一个个鲜活的生命（图2－10）。历次震灾表明，95%以上的人员伤亡和经济损失都是由建筑物倒塌和破坏造成的，在目前地震预报还不过关的情况下，加强建设工程的抗震设防能力，是减轻地震灾害损失最可靠的途径。

（2）地震次生灾害

地震次生灾害是指因地震引起的自然和社会状态被破坏所造成的山体滑坡、泥石流、水灾、火灾、瘟疫、爆炸、毒气泄漏、放射性物质扩散等对生命产生威胁的一系列灾害。地震次生灾害大致可以分为两大类：一是自然层面，如地震强烈震动引起的山体崩塌、滑坡，泥石流、地裂缝、地面塌陷、沙土液化的次生地质灾害和水灾，深海地区强烈地震引起的海啸；二是社会层面，如社会基础设施

图 2－9 1976 年唐山地震后的唐山市

都江堰市大量房屋垮塌

都江堰市一些车辆被埋在垮塌的废墟里

图 2－10 2008 年汶川地震都江堰市房屋破坏造成人员伤害

破坏引起的交通瘫痪、通信中断、火灾、瘟疫流行、工厂毒气和放射性物质扩散等。2008 年我国汶川大地震造成的山体滑坡、堰塞湖，2011 年日本 9.0 级地震引发的海啸（图 2－11）、核泄漏等，都是典型的地震次生灾害。如果地震次生灾害的防范不及时有效，就可能形成灾害链，在一定条件下放大成灾害群。历史经验表明，次生灾害所造成的人员伤亡及财产损失往往比地震本身造成的大得多。

（3）地震衍生灾害

地震衍生灾害是指由于人们缺乏对地震的了解，或受某些社会因素和心理影响等，造成的盲目避灾损失，以及人心浮动、心灵和精神上的创伤等一系列社会问题引起的灾害。如大地震的发生使社会秩序混乱，出现烧、杀、抢等犯罪行

图 2-11　2011 年日本 9.0 级地震引发的海啸

为，使人们生命财产再度遭受损失，以及地震之后，出现的地震谣传、心理创伤等。这种灾害是地震直接灾害和次生灾害综合作用于社会和社会成员的结果，其特点是灾害持续时间长、影响深远、恢复困难。

（4）影响地震灾害的因素

2010 年海地发生的 7.3 级地震造成了 23 万多人死亡，联合国会旗降半旗向海地地震中遇难者致哀。而同年发生在新西兰的 7.2 级地震则没有人死亡，只有 2 人受伤。由此可见，不同地区发生的震级大小相近的地震，所造成的破坏程度和灾害大小是不一样的。在同一个地震中，平时是否做好了防御工作，也直接影响着受破坏程度。在我国 2008 年汶川地震中，安县桑枣中学全校 2300 名师生仅用 1 分 36 秒全部撤离，无一人伤亡，而映秀镇映秀小学、北川中学则伤亡惨重。地震灾害的大小主要受以下因素的影响：

1）地震的震级、震中距和震源深度

首先，震级越大，标志着该地震所释放出来的能量就越大，对地面的破坏也就越明显。

一般情况下，5 级浅源地震会造成一定的破坏；6 级浅源地震会造成比较严重的破坏；7 级浅源地震会造成非常严重的破坏；而 8 级以及 8 级以上的地震，就会造成特别严重的破坏。

其次，震中距越小，也就是离震中越近，地震对地面的破坏程度越大。相反，震中距越大，也就是离震中越远，地震对地面的破坏程度就越小。

再次，震源深度越深，地震对地面的破坏程度越小。因为同样强度、同样震中距的地震，震源越深，地震能量衰减得越多，其破坏力就越小。因此，地震灾害大小与震源深度也是密切相关的。我国绝大多数的地震就是发生在大陆地区的浅源地震，震源深度大多只有十几到几十千米，所以我国的地震灾害非常严重。

2）地震发生地的人口、经济

很显然，地震发生的地点不同，所造成的地震灾害也就不同。如果一次强烈地震发生在渺无人烟的高山、荒漠地区，可能对人类不会造成大的灾难；但如果发生在人口稠密、经济发达的地区，就可能造成大的灾难。

举个例子，2001 年 11 月 14 日，我国青海昆仑山口西发生 8.1 级地震。虽然强度很大，但因为发生地震的地区人烟稀少，几乎没有造成人员伤亡，仅仅对青藏铁路的建设造成了一定的影响。而 1976 年 7 月 28 日，发生在唐山的 7.8 级地震就在唐山市下面，为城市直下型地震，从而使这座工业重镇顷刻间夷为平地，遇难人员就有 24.2 万多人。2008 年汶川 8.0 级地震也发生在人口相对密集的地区，造成遇难和失踪达 8 万多人，经济损失高达 8000 多亿元人民币，这也是中国地震史上经济损失最严重的一次。

3）场地条件

场地条件是指局部地区的地形、地貌、土质、地层状况以及地下水位等情况。一般情况下，当地震发生在地形、地貌都比较复杂的地区，则地震对震区的破坏就比较大，灾害也会更严重。另外，如果把建筑物建在活跃的断裂带上，那么一旦地震来了，也会造成严重的灾害。

4）建筑物的抗震性能

建筑物自身的抗震性能，是指建筑物的地基处理、外观特征、建筑材料、结构特点、其他构件的质量以及施工质量等，这些都是影响建筑物防御地震灾害的重要因素。通俗的来讲就是要把房子盖结实。

因为经济不够发达，在我国广大农村和相当一部分城镇，建筑物质量不高，抗震性能差，抗御地震的能力低。作为拥有13亿人口的世界第一人口大国，除了人口稠密以外，经济发展水平和发达国家相比还有很大的差距，特别是在农村，几乎没有抵御地震的能力，甚至一个中等强度的地震，就会造成大量的房屋倒塌和人员伤亡。所以，我国地震灾害十分严重，而且往往是“小震大灾”。

2.1.5 地震的灾害特点

地震作为一种自然现象本身并不是灾害，但当它达到一定强度，发生在有人类生存的空间，且人们对它没有足够的抵御能力时，便可造成灾害。与其他自然灾害如水灾、旱灾、台风和瘟疫等相比，地震灾害具有以下特点：

（1）突发性强

地震孕育的时间非常漫长，但是我们能够感觉到的地震震动的时间却特别短，一般仅持续数秒到一分多钟。在长时间孕育过程中所聚集的能量都在短时间内释放，因此威力巨大，足以使一座城市变成一堆瓦砾。多次震例证明，由于地震突发性强，人们没有足够的反应和逃离时间，所以才会造成严重的人员伤亡。

（2）破坏性大

强烈地震会造成全部或部分建筑物倒塌，铁路、桥梁、公路、通信、供水、供电等设施遭到破坏；有的还会引起地下水源重新分布，造成部分水井无水；食品生产经营企业被震毁，食物资源被埋、破坏、污染；震区排水系统也会被破坏，废墟、垃圾、粪便、污物堆积，苍蝇滋生密度升高，鼠患严重，人们生存环境急剧恶化。如1976年7月28日在唐山发生7.8级地震，震中烈度Ⅺ度，震源深度仅11千米，106万人口的唐山市有24万余人震亡，16万余人伤残，7000余户断炊，城市供水、供电、交通、通信等设施被毁，食品生产经营系统和卫生防疫、食品卫生监督监测机构瘫痪。

（3）波及范围广

地震发生时，不仅震中地区破坏严重，而且地震波及范围是非常大的。一次较大地震，可波及距震中周围数十或一二百千米的范围。1976年唐山地震震级7.8级，造成Ⅸ度区面积达1800平方千米。唐山地震使100千米外的天津达到Ⅻ

度破坏，造成直接经济损失60亿元，使200千米外的北京为Ⅵ度破坏，造成老旧建筑物遭到不同程度的破坏。2008年5月12日汶川8.0级地震，四川、甘肃、陕西等地严重受灾严重，我国除黑龙江、吉林和新疆外，绝大部分地区均有不同程度的震感，甚至连东南亚的越南、泰国、菲律宾以及东亚的日本等也有震感。

（4）灾情复杂

地震灾害的种类很多，震后原生灾害、次生灾害和诱发灾害往往接踵而来，极易形成复杂的灾害链。在一定的条件下，地震的原生灾害常引发火灾、水灾、滑坡、泥石流、海啸、瘟疫及恐震等物理性、心理性的次生灾害，造成数倍于原生灾害的严重损失。

专家认为，2008年5月12日汶川大地震引起的次生灾害要比1976年唐山地震大得多。国土资源部高级咨询研究中心教授岑嘉法分析说："因为唐山地震主要发生在平原地区，汶川地震主要发生在山区，因此次生灾害、地质灾害的种类不太一样，而汶川地震引发的破坏性比较大的原因是崩塌、滚石、滑坡等，比唐山地震的次生地质灾害要严重得多。另外，四川的水比较多，所以形成的堰塞湖与唐山地震相比也是不一样的。"水利部前副部长鄂竟平介绍说："截至2008年5月25日8时，地震造成我国2000多座水库出现险情，其中四川境内占到七成多。"据了解，地震发生以后，四川灾区共形成了34个大大小小的堰塞湖，这些堰塞湖随时威胁着下游人民的生命财产安全。

2.1.6 典型震例

（1）2004年12月26日印尼9.1级地震

2004年12月26日北京时间上午9时，印度尼西亚苏门答腊岛以北印度洋海域当地时间26日上午8时发生里氏9.1级强烈地震，并引发海啸（图2-12），东南亚和南亚数个国家受波及，造成重大人员伤亡。这次地震发生的范围主要是印度板块与亚洲板块的交界处，即消亡边界。这场突如其来的灾难给印尼、斯里兰卡、泰国、印度、马尔代夫等国造成巨大的人员伤亡和财产损失。到2005年1月10日为止的统计数据显示，印度洋大地震和海啸已经造成21.6万人死亡，这可能是世界200多年来死伤最惨重的海啸灾难。

图 2－12　2004 年印尼地震引起巨大海啸

（2）2008 年 5 月 12 日四川汶川 8.0 级地震

2008 年 5 月 12 日 14 时 28 分 04 秒，我国四川汶川发生 8.0 级地震，震中在汶川县映秀镇（北纬 31.0 度，东经 103.4 度），震源深度 14 千米。

地震持续时间长达 1 分 35 秒，释放的巨大能量传遍全国，波及数个邻国。强烈的地面震动造成震区大量房屋倒塌和人员伤亡，引发数以万计的崩塌、滑坡、泥石流等地质灾害。汶川地震应力积累慢、复发间隔长、破裂时间久、释放能量大，是全球百年来发生在板块内部的七大强震之一。

地震造成 69227 人死亡，17923 人失踪，374643 人受伤。灾情范围涉及四川、甘肃、陕西、重庆等 10 个省区市的 417 个县（市、区）、4667 个乡镇、48810个村庄。灾区总面积约 50 万平方千米，其中极重灾区、重灾区面积 13 万平方千米。受灾人口 4625 万多人，紧急转移安置人口 1510 万人，这是新中国成立以来破坏性最强、波及范围最大的一次地震。在这次地震中，直接经济损失达 8523 亿多元，房屋大量倒塌损坏（图 2－13），基础设施大面积毁损，工农业生产遭受重大损失，生态环境遭到严重破坏，引发的崩塌、滑坡、泥石流、堰塞湖等次生灾害举世罕见。

图2－13 2008年汶川地震后映秀镇破坏后航片

为表达全国各族人民对四川汶川大地震遇难同胞的深切哀悼，国务院决定，2008年5月19日至21日为全国哀悼日。自2009年起，每年5月12日为全国防灾减灾日。

（3）2010年1月12日海地7.0级地震

2010年1月12日，当地时间16时53分，加勒比岛国海地发生里氏7.0级大地震，震中距离首都太子港16千米，震源深度10千米。这次地震是海地自1770年以来最严重的大地震，使这个西半球最贫穷的国家遭受到了前所未有的打击。包括总统府和联合国维和部队驻地在内的数百栋建筑坍塌（图2－14）。海地政府确认地震造成31.6万人死亡、30万人受伤、130万人无家可归。8名中国维和人员也在地震中遇难。震后出现极度混乱局面，呼喊者、哭泣者、四处寻找失散亲友者和无家可归者构成了海地大地震后的一幅幅真实写照。

2010年1月13日，美国纽约联合国总部大楼前的联合国会旗降半旗向海地地震中的遇难者致哀。

（4）2011年3月11日日本9.0级大地震

2011年3月11日，日本当地时间14时46分，日本东北部海域发生里氏9.0级地震并引发海啸，造成重大人员伤亡和财产损失。震中位于宫城县以东太平洋

图2-14 海地总统府在地震中遭到严重损毁

海域，震源深度20千米，造成14704人死亡，10969人失踪。4月1日，日本内阁会议决定将此次地震称为“东日本大地震”。东京有强烈震感，但因为震中远离日本本土，所以地震烈度并不大。造成破坏的罪魁祸首是地震引发的海啸以及日本核电站的核泄漏（图2-15），10米高的海啸巨浪，重创岩手、宫城、福岛县境内多个城市，影响到太平洋沿岸的大部分地区；核泄漏则使世界人民特别是周边国家的居民恐慌，导致全球谈“核”色变。

图2-15 福岛核电站在2011年地震中遭受地震袭击受损

2.2 火山

在意大利南部那不勒斯附近有座古城，它以独有的特色吸引着世界各国的游客。它叫庞贝，一座被火山毁灭与封存的千年古城……

在重现的庞贝古城里，人们可以清楚地看到，生活突然中断时的情景。餐桌上放着没有吃完的带壳的熟鸡蛋和鱼，面包炉里有烤好的面包，商店的柜上放着硬币，瓶罐中有栗子、橄榄、葡萄、小麦和水果。已经成为化石的遇难者完好地保留了当时遇难时的表情、姿态和动作。

人们不禁要问，到底是什么力量使整个城市戛然而止？答案是火山喷发。

早在公元前 8 世纪，依托于地中海天然良港的一座小渔村庞贝，逐渐发展为城市。几百年之后，它商贾云集，成为仅次于意大利古罗马的第二大城。它北距罗马 300 千米，位于意大利南部那不勒斯附近，维苏威火山西南脚下 10 千米处，西接著名的西西里岛，南通希腊与北非。它富庶、开放，繁荣的工商业和高超的艺术水准更使它声名远播、盛极一时。然而，公元 79 年维苏威火山突然爆发，瞬息之间，火山喷出的灼热的岩浆遮天蔽日，四处飞溅，浓浓的黑烟，夹杂着滚烫的火山灰，铺天盖地降落到这座城市。很快，厚约 5.6 米的熔岩和火山灰毫不留情地将庞贝从地球上抹掉了。庞贝，这座建于公元前六世纪的古城，就这样整个地被埋没起来……直到 18 世纪中期，这座深埋在地底的古城才被挖掘出土而重见天日。如今的庞贝古城已被联合国教科文组织定为世界文化和自然遗产，每年接待来自世界各地的游客超过 200 万人。

2.2.1 火山的成因

在我们这个星球上，火山喷发是最具神秘性和不确定性的地质现象之一。在古代，火山是令人疑惑和害怕的。如果谁要去考察它，将被认为是一种罪恶，也是十分危险的。原始人类有很多都是火的崇拜者，作为火的来源的火山就自然而然地成为他们的神话的一部分。古代文献中，有很多火山灾害神话与传说。在英语中，“火山（Volcano）”是古罗马神话中火神的名字。在我国，不同民族也都有关于火神的神话传说。

现代科学认为，火山是地下深处的高温岩浆及其有关的气体、碎屑从地壳中喷出而形成的，具有特殊形态的地质结构。通俗来说，火山就是一个由固体碎屑、熔岩流或穹状喷出物围绕着其喷出口堆积而成的隆起的丘或山。火山的形成涉及一系列物理化学过程。科学界给出了这样的解释，地表下面，越深温度越高。在距离地面大约 32 千米的深处，温度之高足以熔化大部分岩石。岩石熔化时膨胀，需要更大的空间。世界的某些地区，山脉在隆起，这些正在上升的山脉下面的压力在变小。这些山脉下面可能形成一个熔岩（也叫“岩浆”）库，这种物质沿着隆起造成的裂痕上升。熔岩库里的压力大于它上面的岩石顶盖的压力时，便向外迸发成为一座火山。喷发时，炽热的气体、液体或固体物质突然冒出。这些物质堆积在开口周围，形成一座锥形山头。总的来说，火山构成要有三个要素，一是岩浆，二是岩浆喷出地表，三是在地表形成地质体。“火山口”是火山锥顶部的洼陷，开口处通到地表，是一条由地幔或岩石圈到地表的管道，大部分物质堆积在火山口附近，有些被大气携带到高处而扩散到几百或几千千米外的地方。当岩浆上升到接近地表的高度时，它的温度和压力开始下降，发生了物理和化学变化，岩浆就变成了火山岩（图 2－16）。

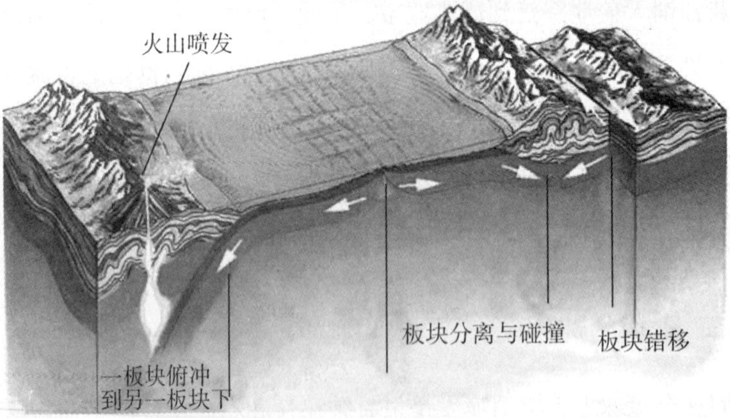

图 2－16　火山成因示意图

火山活动是一种宇宙自然现象。宇航探测发现月球、火星、金星上均有火山活动。在我们的地球上，火山活动一般常在一些不寻常的地质背景上发生，其中大多数都在构成岩石圈的庞大的板块边界处。约 80% 的地球活火山及其相关的火山活动都发生在两个板块相聚时，在那时，其中一个板块会俯冲到另一个板块下面。俯冲下去的板块，一方面因挤压而造成局部压力增加，一方面其自身也熔为岩浆；这时，上面受到挤压的板块如果出现裂口或薄弱处，压力极大的岩浆就会从这些地方喷出来，形成火山。还有另一种不同的情况，是在大洋中脊轴上，这里，岩浆自地幔涌出并向脊的两侧分开，形成新的洋底。这类火山活动实际上都发生在水下。

2.2.2　火山的分类

按照不同的分类标准，火山可以分出多种类别（表2－2）。

表2－2　火山分类简表

序号	分类标准	种类
1	火山的变化节奏	活火山
		死火山
		休眠火山
2	火山喷发的特点和形态特征	盾形火山
		锥形火山
		马尔式火山
3	岩浆的通道	裂隙式喷发
		熔透式喷发
		中心式喷发
4	喷出物和活动强弱	夏威夷型
		斯特朗博利型
		乌尔坎诺型
		培雷型
		普里尼型
		超乌尔坎诺型
		蒸气喷发型

（1）按照火山的变化节奏分类

按火山的变化节奏，火山可以分为活火山、死火山、休眠火山。

1）活火山（active volcano）。指现代尚在活动或周期性发生喷发活动的火山。这类火山正处于活动的旺盛时期。如南美洲的图彭加托火山、夏威夷的冒纳罗亚火山以及我国新疆的卡尔达西火山、黑龙江省的五大连池火山等。目前全球的活火山数量很多，近400年以来，爆发的活火山就有500多座。

2）死火山（extinct volcano）。指史前曾发生过喷发，但有史以来一直未活动过的火山。此类火山已丧失了活动能力。有的火山仍保持着完整的火山形态，有的则已遭受风化侵蚀，只剩下残缺不全的火山遗迹，如我国山西省的大同火山群、非洲的乞力马扎罗火山等。

3）休眠火山（dormant volcano）。在人类历史上曾经爆发，后处于平静状态的火山，但还有可能重新喷发。此类火山都保存有完好的火山形态，仍具有火山活动能力，或尚不能断定其已丧失火山活动能力。如我国白头山天池，曾于1327年和1658年两度喷发，在此之前还有多次活动。目前虽然没有喷发活动，但从山坡上一些深不可测的喷气孔中不断喷出高温气体，可见该火山目前正处于休眠状态。日本富士山自公元781年有文字记载以来，共喷发过18次，最后一次是1707年，此后变成休眠火山（图2－17）。

图2－17 休眠中的日本富士山

应该说明的是，这三种类型的火山之间没有严格的界限。休眠火山可以复苏，死火山也可以“复活”，它们相互间并不是一成不变的。过去一直认为意大利的维苏威火山是一个死火山，在火山脚下，人们建起许多的城镇，在火山坡上开辟了葡萄园，但在公元26年维苏威火山突然爆发，高温的火山喷发物袭占了毫无防备的庞贝古城，整座城市被毁灭，居民全部丧生。

根据哪些准则来判断一座火山的“死”或“活”，迄今没有一种严格而科学的标准。经验上或传统上将有过历史喷发或有历史喷发记载的火山称为活火山，这样的火山在全球有534座。但是历史或历史记录对每个国家和地区可以是很不相同的，有的只有三四百年，有的则可达三四千年或更长。究竟是采用10000年、5000年或2000年，将根据不同国家、不同地区的具体情况而定。这一改进的活火山定义，仍然允许有例外情况，并且要求对一个具体的活火山进行评价时，能够提供该火山地下是否存在活动的岩浆系统的证据。一般可根据以下现象作出初步判断：在活火山区存在水热活动或喷气现象；以火山为中心的小范围内，微震活动明显高于其外围地区；火山区出现某些可观测到的地表形变。

（2）按照火山喷发的特点和形态特征分类

按照火山喷发的特点和形态特征，分为盾形火山、锥形火山和马尔式火山。

1）盾形火山。具有宽阔顶面和缓坡度侧翼（盾状）的大型火山。这种火山喷发时表现为熔浆平静地溢出火山口，没有爆炸和喷射现象，固体和气体喷发物很少。所以，在岩浆溢出缓慢流动中，冷凝堆积的火山锥为平缓的穹隆状，火山顶部平坦开阔，有一宽浅的洼地，即是火山口，山坡倾角只有3°～10°。夏威夷的冒纳罗亚火山是典型的盾形火山，故也称夏威夷型火山。

2）锥形火山。由火山渣、火山灰和熔岩流相互叠置而成的火山锥体。这种火山是由多次火山活动造成的。火山口内还可形成小的火山锥。这类火山以意大利的维苏威火山最典型，故也称维苏威式火山（图2－18）。

3）马尔式火山。只有低平的火山口，没有火山锥的火山。火山气体以强大的压力从地下迸发出来，并产生爆炸将其上覆岩体的碎屑冲至高空，但是却没有熔岩和火山碎屑喷出，所以地面不形成火山锥体，只留下一个巨大的漏斗状洼地，有时洼地积水成湖。马尔式火山口常积水成湖，如欧洲的马尔火山、南非的金伯利火山。

（3）按照岩浆的通道分类

图 2-18　锥形火山型的维苏威火山

按照岩浆的通道分为裂隙式喷发、熔透式喷发和中心式喷发三大类。

1）裂隙式喷发。又称冰岛型火山喷发，岩浆沿地壳中的断裂带或裂隙溢出地表，这样形成的火山通道在地表呈窄而长的线状，向下呈墙壁状（图 2-19）。这类喷发没有强烈的爆炸现象，喷发温和宁静，喷出的岩浆为黏性小的基性玄武岩浆，碎屑和气体少。基性熔岩溢出后，可以形成广而薄的熔岩流、熔岩坡或熔岩台地，甚至形成熔岩高原。

2）熔透式喷发。熔透式喷发的岩浆上升时，由于温度很高，再加上岩浆和岩石之间的一些化学作用，致使上面的岩石被熔透而顶开，形成直径很大、形状不规则的火山通道；岩浆失去压力后大面积溢出地表。炽热的岩浆从火山通道缓慢溢出形成熔岩流，最后逐渐冷凝形成熔岩。熔透式喷发形成的火山岩分布范围很广，火山口一般不明显。这类喷发有时岩浆上升停留在中途，没能熔化顶部岩层便冷凝下来，只在地面隆起成丘，这种火山称为“潜火山”或“地下火山”。一些学者认为，远古时代地壳较薄，地下岩浆热力较大，常造成熔透式岩浆喷发，现代已不存在。

3）中心式喷发。岩浆沿火山喉管喷出地面，其通道在平面上成点状，也叫点式喷发。岩浆沿颈状通道喷发，在地表上常形成下缓上陡的火山锥，是近代火山常见的类型。我国山西大同、东北五大连池都可见到火山锥成群地分布，顶部圆形的漏斗状凹陷就是火山口。大部分火山口中都有常年积水，形成火山口湖。

图 2－19 典型的裂隙式喷发

长白山主峰的天池，就以火山口湖的美丽景色成为闻名中外的旅游胜地。

（4）按照喷出物和活动强弱分类

按照喷出物和活动强弱又可分为下列几种，其名称用代表性的火山名或地名、人名命名。

1）夏威夷型。岩浆为基性熔岩，气体和火山灰很少。熔岩从火山口中溢出，火山锥体为盾形，顶部碗状火山口中有灼热熔岩湖，湖面有熔岩“喷泉”。

2）斯特朗博利型。岩浆为较黏性的中基性，气体较多，具有中等强度的爆炸，喷出物主要是火山弹、火山渣和老岩屑，也有熔岩流。火山锥为碎屑锥或层状锥。

3）乌尔坎诺型。猛烈喷发的一种。黏性的或固体有棱角的大块熔岩伴随大量火山灰抛出，形成“烟柱”。熔岩流少或没有熔岩流。山顶形成碎屑锥或层状锥。

4）培雷型。岩浆为黏稠的中酸性，多气体，爆炸强烈，有迅猛的火山灰流。火山锥为坡度较大的碎屑锥，锥顶部为岩穹，经风化剥蚀后火山颈突出地面。

5）普里尼型。黏稠岩浆在火山通道内形成“塞子”，一旦熔岩冲破“塞子”，爆炸特别强烈，产生高耸入云的发光火山云及火山灰流。锥顶为猛烈的爆炸所破坏的火山口。

6）超乌尔坎诺型。通常无岩浆喷出，喷出物主要是岩石碎屑、火山灰和气体，量不多，火山口低平。

7）蒸气喷发型。地下水被岩浆汽化，连续或周期性地喷出气体。

2.2.3 火山的分布

（1）全球火山的分布

全世界有516座活火山，其中69座是海底火山，以太平洋地区最多。活火山主要分布在环太平洋火山带，地中海—喜马拉雅—印度尼西亚火山带、大洋中脊火山带和红海—东非大陆裂谷带（图2-20）。火山的分布受控于全球板块构造。2012年4月17日早晨，俄罗斯堪察加半岛的希韦卢奇火山强烈喷发，喷发出的火山灰高度高于海平面9500米。报道说，俄罗斯科学院远东火山与地震研究所的专业人员在距火山40千米的研究站观测到了喷出的火山灰。火山灰气流在东侧方向绵延100千米。此次喷发是该年年初以来该火山最强烈的一次喷发。尽管火山灰不会给附近居民点带来严重影响，但对当地航空安全造成了威胁。

地中海火山带以火山活动频繁而著称，举世闻名的维苏威火山就在这条火山带上。这条带上的很多火山至今仍然活动着，如位于西西里岛上的埃特纳火山，从公元前6000多年一直到今天从未停止过喷发。

（2）中国火山的分布

据不完全统计，我国新生代以来有火山群120个，火山1000余座，其中绝大部分是死火山。活火山和休眠火山主要分布在台湾省、昆仑山区、黑龙江省、长白山和云南腾冲等地。黑龙江和吉林共有230多座，其中著名的有五大连池和白头山。内蒙古是我国火山数量最多的地区，共有270多座，我国最大的、包含有100多座火山的火山群就分布在这里，其中达里火山群有多达56座火山。台湾省正好位于环太平洋火山带中，是我国火山活动最为剧烈的地方。澎湖列岛、火烧岛、钓鱼岛等都是海底火山喷发而成的火山岛。台湾最著名的大屯火山群在岛的北部，由10多座海拔千米左右的火山组成。我国火山分布集中的地区大抵

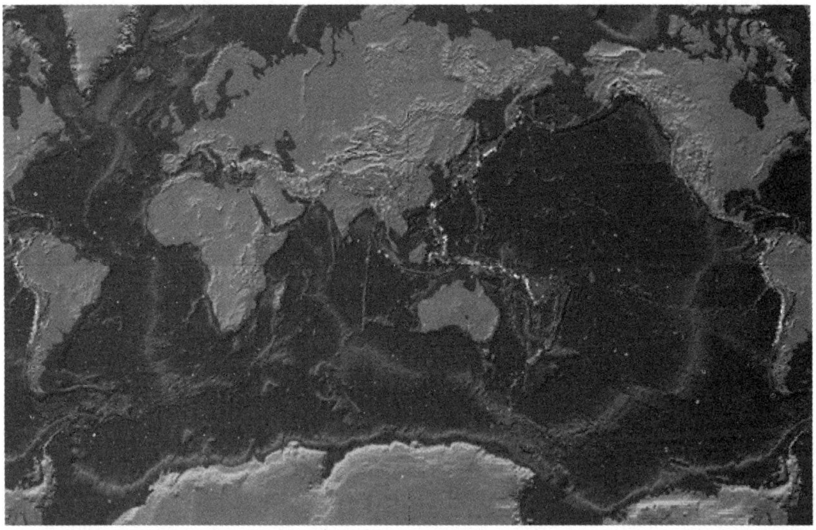

图2－20 世界火山分布图（图中红色带是火山分布带）

可分为7个火山带（图2－21）。

1）台湾火山带由赤尾屿、黄尾屿、钓鱼岛经台湾岛至火烧岛、兰屿一带，形成长达690千米的火山岛弧，再向西南与南海海盆火山区相连，共有14个火山群，70余座火山。

2）长白山—庐江火山带沿依兰—伊通断裂及其以东的张广才岭、长白山和渤海以南的郯庐断裂带呈北东向分布，长2200千米，宽200余千米，分布着41个火山群，549座火山。其中有著名的镜泊湖、长白山和龙冈火山群。

3）福鼎—海南岛火山带分布于东南沿海大陆边缘地区，长1200千米，带内有4个火山群，101座火山。

4）大兴安岭—太行山火山带北起黑龙江省呼玛，南至河南省汝阳，长约2500千米，宽200余千米，分布有28个火山群，300余座火山。著名的有大同火山群和达莱偌尔火山群。

5）小兴安岭火山带西南麓有9个火山群，西端有2个火山群，60余座火山，平行于山脉分布。小兴安岭西南麓近山脉分布的有门鲁河火山群、科洛火山群和五大连池火山群。外侧是嫩江的尖山、德都的连花山、克山的尖山、克东的二克山、绥棱的阁山和庆安的疙瘩山火山群。

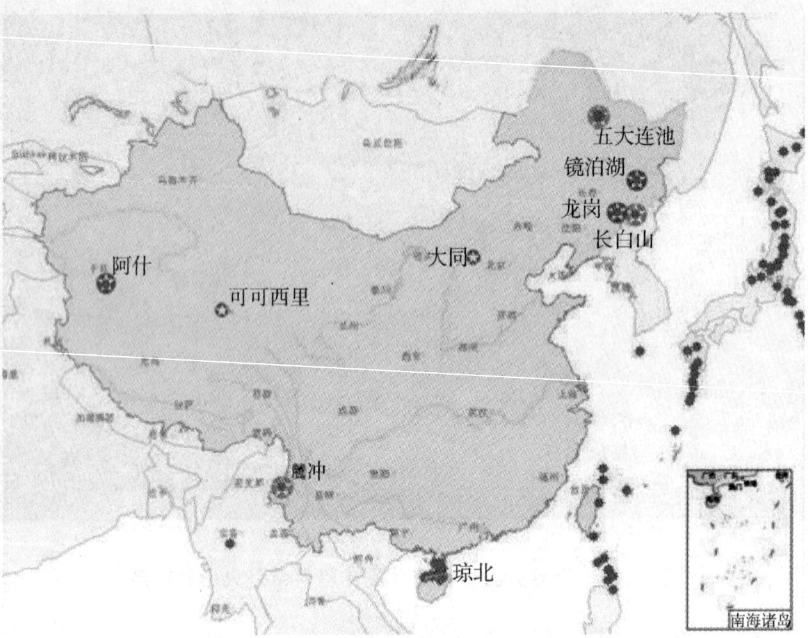

图 2－21　中国活动火山带分布图

6）西昆仑山—可可西里山火山带沿西昆仑山—可可西里山南麓呈东西向分布，西起班公湖，东到胃都一带。长约 1300 千米，宽约 200 千米，有 12 个火山群，64 座火山。

7）冈底斯山—腾冲火山带由冈底斯山向东经雅鲁藏布江，沿澜沧江至腾冲，长约 2200 千米、宽约 150 千米。目前仅发现 3 个火山群，48 座火山。

此外，还有伊宁和独山子火山群沿天山北侧呈东西向分布。

2.2.4　火山的危害

地球上的火山活动平均每年大约有 50 多次。火山喷发及其产生的爆炸、火山灰、有毒气体、熔岩流和火山碎屑流等不仅给人类的生命财产带来严重危害，而且对人类的生存环境产生极大的影响。如 1781 年冰岛拉基火山喷发，其产生的有毒气体和饥荒使冰岛人口减少了 1/5；1815 年印尼坦博拉火山喷发导致 92000人死亡……

（1）破坏环境

火山爆发时喷出的大量火山灰和暴雨结合形成的泥石流能冲毁道路、桥梁，淹没附近的乡村和城市，使得无数人无家可归。泥土、岩石碎屑形成的泥浆可以像洪水一般淹没整座城市。火山爆发时被喷到半空中的巨大岩石也对当地环境有极大的破坏作用。

（2）影响气候

火山爆发喷出的大量火山灰和火山气体，对气候造成极大的影响。因为在这种情况下，昏暗的白昼和狂风暴雨，甚至泥浆雨都会困扰当地居民长达数月之久。火山灰和火山气体被喷到高空中去，它们就会随风飘散到很远的地方。这些火山物质会遮住阳光，导致气温下降。

（3）碎屑污染

火山碎屑是火山喷出的岩浆冷凝碎屑以及火山通道内和四壁岩石碎屑。火山碎屑按大小分为大于鸡蛋的火山块，小于鸡蛋的火山砾，小于黄豆的火山砂和颗粒极细小的火山灰；按形状分为纺锤形、条带形或扭动形状的火山弹，扁平的熔岩饼，丝状的火山毛；按内部结构分为内部多孔、颜色较浅的浮石，泡沫，内部多孔、颜色黑、褐的火山渣。被喷射到空中的火山碎屑，粗重的落在火山口附近，轻而小的或被风吹到几百千米以外沉降，或上升到平流层随大气环流。火山喷发时灼热的火山灰流与水（火山区暴雨、附近的河流湖泊等）混合则形成密度较大的火山泥流。火山灰流和泥流都具有灾害性。

除了火山喷发可以带来巨大损失外，活动火山在休眠期也会形成灾害。非洲喀麦隆的尼俄斯湖形成于500年前的一次火山喷发，1986年8月21日二氧化碳气体喷发使1700多人及家畜死于非命。美国加州长谷火山最近一次喷发在600年前，1995年伴随地震活动，Mammoth山下的土壤中二氧化碳和氦集中造成大片松树死亡，并逐渐扩展到相邻的赤溪地区。

火山虽然经常给人类带来巨大的灾害，但它也并非一无是处。火山资源的利用也可以带给我们生活的乐趣和便利。一般来说，火山资源主要体现在它的旅游价值、地热利用和火山岩材料方面。地热能是一种廉价的无污染的新能源，我国西藏羊八井地热试验基地已取得很好的成绩。火山活动还为人类提供沃土、制造陆地、形成多种矿产，最常见的是硫黄矿。玄武岩是最好的建筑材料，我们熟知的钻石，其形成也与火山有关。科学家通过研究发现，火山喷发携带的大量气体，可以作为能源使用，但如何防止这些气体在喷发的火山口燃烧，并进一步收集起来为人类所用，还需要进一步探索。

2.2.5 典型火山喷发实例

（1）2010 年冰岛火山喷发

2010 年 4 月 14 日，当地时间凌晨 1 时，位于冰岛南部亚菲亚德拉冰盖的艾雅法拉火山开始喷发，喷发地点位于冰岛首都雷克雅未克以东 125 千米，岩浆融化冰盖引发洪水，附近约 800 名居民紧急撤离。冰岛火山喷发造成了国际空中交通的混乱，欧洲国家纷纷关闭机场和领空，这是“9·11”事件以来欧洲最严格的航空管制。

冰岛火山于 16 日继续喷发，同时暴发冰泥流，带来巨大洪水，火山灰在天空中大量飘散（图 2－22），专家担心，如果火山再继续这样喷发下去，有毒物质进入平流层，恐怕会影响到整个地球，让地球出现异常低温，甚至会让地球长达一两年内都无法被阳光照射到。天空中聚积的大量火山灰，盘踞在白云之上，冰岛艾维法拉火山所喷发出的火山灰，凝结在冷空气中，看似动也不动。

（2）造成“无夏之年”的坦博拉火山喷发

早在 1812 年，印尼坦博拉火山就已经开始发出隆隆声响，并逐渐生成阴云。1815 年 4 月 5 日，一个中等规模的火山喷发，紧随其后的是雷鸣般的爆炸声，其声响连 2600 千米开外的苏门答腊岛都能听到。这场喷发在 7 月 15 日平息，而烟气排放持续到了 8 月 23 日。

在有记录的人类历史上，这是规模最大的一次火山喷发，释放了超过 1000 亿立方米的物质，其所喷出的火山灰总体积多达 150 立方千米，而且抵达高至 44 千米的平流层。据估计，至少有 7.1 万人因坦博拉火山喷发遇难。坦博拉火山喷发的最大后果还在于造成了所谓的“无夏之年”，在民间的记忆里被称为“冻死人的 1816 年”。

据保守估计，1816 年全球平均气温下降了 0.4～0.7℃，这个降幅足以对全球

图2-22 艾雅法拉火山释放的火山灰

的农业生产产生重大影响。美国东北部以及加拿大受到的影响最为严重。1816年5月，美国东北部出现霜冻，大部分农作物都被冻死。6月，加拿大和美国新英格兰出现两次大风雪。7月和8月间，南至宾夕法尼亚州仍可见河水结冰。部分地区温度有时高达35℃，然后又突然数小时内下降至接近零摄氏度。当时，欧洲大陆刚刚结束拿破仑战争，突如其来的反常天气导致大幅度粮食短缺，各地都有“粮食骚乱”发生，瑞士尤为严重，饥荒令其进入危机状态。据估计，欧洲约有20万人死于天气反常。历史学家称这是“西方世界最糟糕的一次生存危机”。

（3）喀拉喀托火山喷发与“灿烂的夕阳”

1883年8月，印尼喀拉喀托火山发生了等级为6级的大爆发，产生的能量是规模最大的氢弹试验所发出能量的26倍。喷发是如此剧烈，连3500千米外的澳大利亚和4800千米外的罗德里格斯岛都能听到声响。这次火山喷发直接导致13千米外的塞贝西岛没有任何生还者。它引起的海啸危及附近岛屿。据荷兰殖民当局统计，约3.6万人遇难。

如同以往大级别的火山爆发一样，喀拉喀托火山喷发也对全球气候造成了巨大影响，鲜艳的红色日落被全球各地的人们所见证，全球气温下降，其对气候的干扰达5年之久。由于19世纪末期通信手段已日趋发达，喀拉喀托火山喷发因此成为第一个引起人们广泛关注的大型火山喷发，欧美新闻报刊的跟进报道，使得它同之前的火山喷发大为不同。

值得一提的是，这场喷发导致天空出现的异象引起了广泛关注，人们纷纷对其成因进行猜测、评论。当然那个时代的人不能完全理解它的成因，所以有不少人对它“蕴含的启示意义”感到恐惧。不过，这一现象给了艺术家们以素材。在挪威艺术家爱德华·蒙克1893年创作的《呐喊》中，一个丑陋的人物双手捂着脑袋尖叫着，背景的天空上布满火焰和血一般的红黄色。据称，这一背景就是喀拉喀托火山喷发所造成的“灿烂的夕阳”的体现。这一现象还可以在英国画家艾希克罗（William Ashcroft）的一系列素描里看到。

2.3 滑坡与泥石流

2.3.1 滑坡及其成因

滑坡是斜坡上的岩体由于种种原因在重力的作用下沿着一定的软弱面或软弱带整体向下滑动的现象。许多山区的群众把滑坡俗称为“走山”“垮山”“地滑”“土溜”等。规模大的滑坡一般是缓慢的、长期的往下滑动，有些滑坡滑动速度也很快，其过程分为蠕动形变和滑动破坏阶段，但也有一些滑坡表现为急剧的滑动，下滑速度从每秒几米到几十米不等。

滑坡到底是怎样产生的？为什么有些地区经常产生滑坡，而有些地区则很少发生滑坡或者根本就不发生滑坡？其实滑坡的产生是由它的内在因素和外在因素，其中内在因素是产生滑坡的根本原因。通过滑坡的组成可以了解其产生的原因。一个发育完整的典型滑坡一般由以下几个部分组成（如图2－23、图2－24）。

滑坡体是脱离基岩（土）而沿斜坡向下滑动的岩土体。滑坡体规模不等，大至数百万甚至上千万立方米，小至十几立方米。滑动面是滑坡体与基岩（土）之间的分界面。它常沿地层中的软弱夹层、断层面、裂隙面等发育。滑坡体内部还可以有多个分支滑动面。从滑动面上可以看到滑动的擦痕。紧靠滑动面的滑坡体下部常有结构扰动带，厚数厘米至数米不等，成为滑动带，滑动带中常出现物质的揉皱现象。滑坡床是滑动面以下的不动体。滑坡周界是滑坡体与其周围不动体在平面上的分界线，它圈定了滑坡的范围。滑坡台阶是由于滑坡体上下各段运动速度的差异，滑坡体断开，构成多级台阶，每一台阶由滑坡平台及陡壁组成。滑坡壁是滑坡后缘与母体脱开的分界面。平面上多呈现围椅状，高度一般为数米至数十米，坡度常达55°~80°。滑坡舌是滑坡体前缘如舌状伸入沟堑或河道中的部分。如果滑坡前缘受阻，被挤压鼓成丘状，则称为滑坡鼓丘。主滑线是滑坡体滑动速度最快的纵向线，它代表单个滑坡整体滑动的基本方向。滑坡裂缝是滑坡体内出现的裂隙，有的呈环形，有的呈放射状，有的呈羽毛状。它们有的是拉张力造成的，有的是剪切力造成的，常常发生在滑坡的初期和中期。在大型的张开裂缝中，可形成封闭的洼地。滑坡体因下滑受阻，前部土体隆起，形成张开的裂缝，叫鼓张裂缝，其方向垂直于滑动方向。

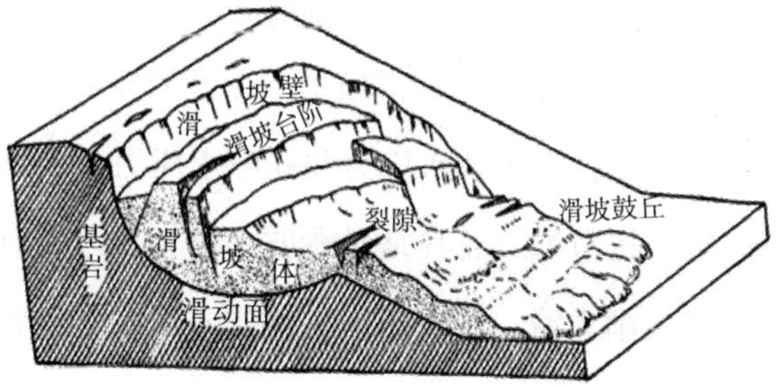

图2－23　滑坡的立体结构图

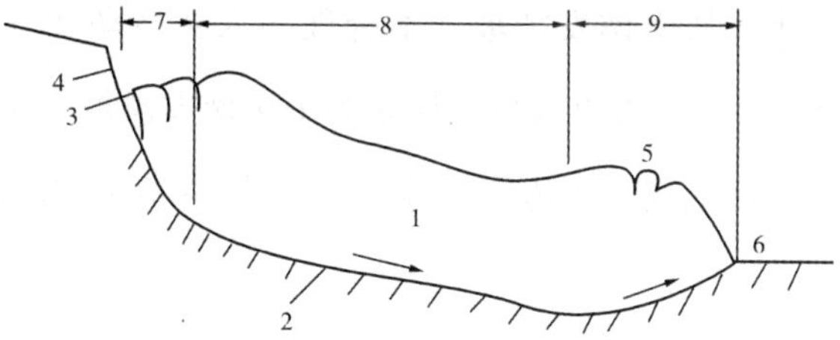

图2－24　滑坡断面示意图

1. 滑坡体　2. 滑动带　3. 滑坡主裂缝　4. 滑坡壁　5. 鼓张裂缝

6. 滑坡舌　7. 牵引段　8. 主滑段　9. 抗滑段

由此可以知道，产生滑坡的主要条件是地质地貌条件、内外应力和人为作用的影响。

地质地貌条件与以下方面有关：

（1）岩土类型。岩土体是产生滑坡的物质基础。通常各类岩土都有可能构成滑坡体。尤其是结构松软，抗剪强度和抗风化能力较低，在水的作用下其性质容易发生变化的岩土。

（2）地质构造。斜坡岩土只有被各种构造面切割分离成不连续状态时，才可能具备向下滑动的条件。同时，构造面又为雨水进入斜坡提供了通道。故各种节理、裂隙、层理面、岩性界面、断层发育的斜坡，特别是当平行和垂直斜坡的陡倾构造面及顺坡缓倾的构造面发育时，最易发生滑坡。

（3）地形地貌。只有处于一定地貌部位、具备一定坡度的斜坡才可能发生滑坡。一般江、河、湖（水库）、海、沟的岸坡，前缘开阔的山坡，铁路、公路和工程建筑物边坡等都是易发生滑坡的地貌部位。坡度大于10°且小于45°、下陡中缓上陡、上部成环状的坡形是较容易产生滑坡的地形。

（4）水文地质条件。地下水活动在滑坡形成中起着重要的作用。主要表现在软化岩土，降低岩土体强度，产生动水压力和孔隙水压力，潜蚀岩土，增大岩土容重，对透水岩石产生浮托力等。尤其是对滑坡（带）的软化作用和降低强度作用最突出。滑坡具有“大雨大滑、小雨小滑、无雨不滑”的特点，可见水对滑坡作用的重要性。

人类工程活动频繁的地区是滑坡的多发区，外界因素和作用可以使产生滑坡的基本条件发生变化，从而诱发滑坡。不合理的人类活动如开挖坡脚，地下采空，水库蓄水、泄水等，都可以改变坡体原始平衡诱发滑坡。常见的可能诱因有采矿、切坡建房、道路工程、水库蓄（泄）水、堆（弃）渣填土、强烈的机械振动等。

2.3.2 滑坡的分类

滑坡分类的目的是对发生滑坡的地质环境和形态特征以及形成滑坡的各种因素进行概括，以便反映出各类滑坡的地质特征及其发展的规律，从而有效地预测滑坡的发生，或在滑坡发生之后有效地进行治理。但由于自然界的地质条件和作用因素复杂，各种滑坡分类的目的和要求又不尽相同，因而可从不同角度对其分类（表2-3）。

表 2-3 滑坡分类简表

序号	分类标准	种类
1	滑坡体的体积	巨型滑坡
		大型滑坡
		中型滑坡
		小型滑坡
2	滑坡的滑动速度	蠕动型滑坡
		慢速滑坡
		中速滑坡
		高速滑坡
3	滑坡体的物质组成及滑坡与地质构造关系	覆盖层滑坡
		基岩滑坡
		特殊滑坡
4	滑坡体的厚度	浅层滑坡
		中层滑坡
		深层滑坡
		超深层滑坡
5	滑坡体形成的年代	新滑坡
		老滑坡
		古滑坡
		发展中的滑坡
6	力学条件	牵引式滑坡
		推移式滑坡
7	物质组成	土质滑坡
		岩质滑坡
8	滑动面与岩体结构面之间的关系	同类土滑坡
		顺层滑坡
		切层滑坡

（1）根据滑坡体的体积分类

滑坡分为巨型滑坡、大型滑坡、中型滑坡、小型滑坡。巨型滑坡（特大型滑坡）体体积大于 1×10^7 立方米；大型滑坡体体积为 $1\times10^6\sim1\times10^7$ 立方米；中型滑坡体体积为 $1\times10^5\sim1\times10^6$ 立方米；小型滑坡体体积小于 1×10^5 立方米。

（2）根据滑坡的滑动速度分类

滑坡分为蠕动型滑坡、慢速滑坡、中速滑坡、高速滑坡。蠕动型滑坡是人们仅凭肉眼难以看见其运动，只能通过仪器观测才能发现的滑坡；慢速滑坡是每天滑动数厘米至数十厘米，人们凭肉眼可直接观察到的滑坡；中速滑坡是每小时滑动数十厘米至数米的滑坡；高速滑坡是每秒滑动数米至数十米的滑坡。

（3）根据滑坡体的物质组成，滑坡与地质构造的关系分类

滑坡分为覆盖层滑坡、基岩滑坡、特殊滑坡。覆盖层滑坡有黏性土滑坡、黄土滑坡、碎石滑坡、风化壳滑坡。基岩滑坡与地质结构的关系可分为均质滑坡、顺层滑坡、切层滑坡（图2－25）；顺层滑坡又可分为沿层面滑动或沿基岩面滑动的滑坡。特殊滑坡有融冻滑坡、陷落滑坡等。

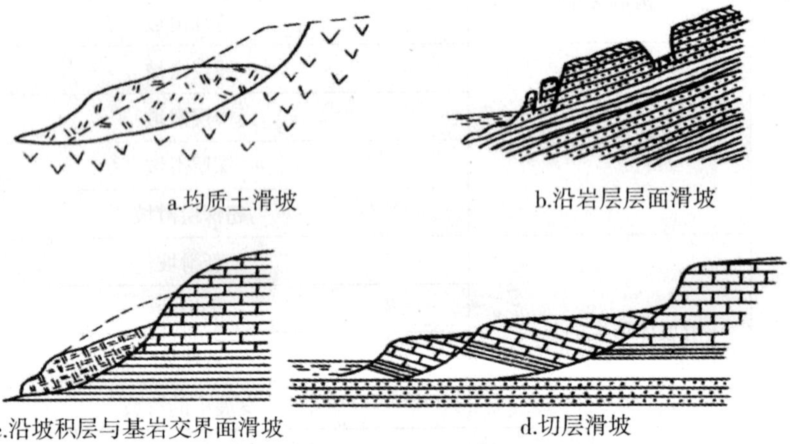

a.均质土滑坡　b.沿岩层层面滑坡

c.沿坡积层与基岩交界面滑坡　d.切层滑坡

图2－25　滑坡与地质构造关系示意图

（4）根据滑坡体的厚度分类

滑坡分为浅层滑坡、中层滑坡、深层滑坡、超深层滑坡。浅层滑坡是滑坡体的厚度小于10米；中层滑坡是滑坡体的厚度为10～25米；深层滑坡是滑坡体的厚度为25～50米；超深层滑坡是滑坡体的厚度大于50米。

（5）根据滑坡体形成的年代分类

滑坡可分为新滑坡、古滑坡、老滑坡、发展中的滑坡。

（6）根据力学条件分类

滑坡可分为牵引式滑坡、推移式滑坡。牵引式滑坡是滑坡体下部先滑动，使

上部失去支撑力量而变形滑动。推移式滑坡是上部先滑动，挤压下部引起变形和滑动。

（7）根据物质组成分类

滑坡可分为土质滑坡、岩质滑坡。

（8）根据滑动面与岩体结构面之间的关系分类

滑坡可分为同类土滑坡、顺层滑坡、切层滑坡。

2.3.3 泥石流及其成因

泥石流发生的历史可以追溯到地质历史时期，它是山区特有的一种自然现象，由于降水而形成的一种带大量泥沙、石块等固体物质的特殊洪流。它爆发突然，混浊的流体沿着陡峻的山沟前推后拥、奔腾咆哮而下，地面为之震动，山谷犹如雷鸣，在很短时间内将大量泥沙块冲出沟外，在宽阔的堆积区横冲直撞、漫流堆积，因此人们往往很难躲避这种危害。泥石流常常使房屋、田地、道路和桥梁等受到毁坏，甚至可能导致水坝、库体溃决，对人民生命财产造成严重危害。

泥石流形成一般需要具备三个必要的条件：有利于贮集、运动和停淤的地形地貌条件；有较丰富的松散土石碎屑固体物质来源；短时间内可提供充足的水源和适当的激发因素（图 2－26）。

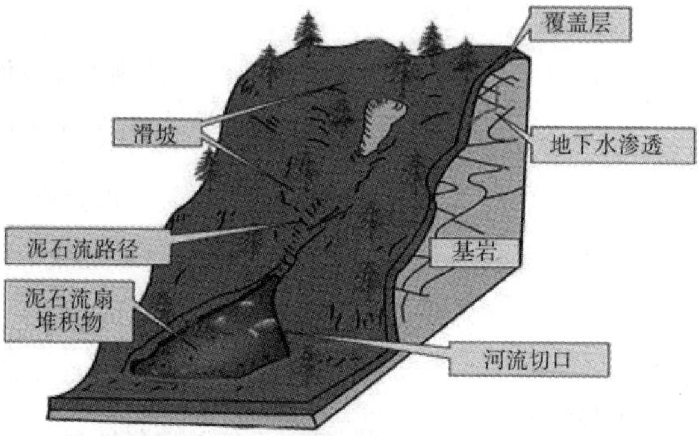

图 2－26 典型的泥石流示意图

（1）地形地貌条件。地形上山高沟深，沟床纵坡降大，流域形状便于水流汇集。上游形成区的地形多为三面环山、一面出口的瓢状或漏斗状，地形比较开阔，周围山高坡陡，山体破碎，植被生长不良，有利于水和碎屑物质的集中；中游流通区，地形多为狭窄陡深的峡谷，谷床纵坡降大，使泥石流能够迅猛直泻；下游堆积区地形为开阔平坦的山前平原或河谷阶地，使堆积物有堆积场所。

（2）松散物质来源条件。地表岩层破碎，滑坡、崩塌等不良地质现象发育，为泥石流提供了丰富的固体物质来源；岩层结构疏松软弱，易于风化，节理发育，或软硬相间成层地区，因易受破坏，也能为泥石流提供丰富的碎屑物质来源；一些人类工程活动，如滥伐森林造成水土流失，开山采矿和采石形成的尾矿、弃渣等，往往也是泥石流形成的重要原因。

（3）大量的水源条件。水既是泥石流的重要组成部分，又是泥石流的重要激发条件和搬运介质的动力来源。泥石流的水源多来自暴雨、冰雪融水和溃决水体等。我国泥石流的水源主要是暴雨及长时间的连续降雨，其强度与暴雨强度密切相关。

2.3.4 泥石流的分类

按照不同的分类标准，泥石流分类有很多种（表2-4）。

表2-4 泥石流分类简表

序号	分类标准	种类
1	泥石流成因	冰川型泥石流
		降雨型泥石流
		共生型泥石流
2	泥石流物质组成	泥石流
		泥流
		水石流
3	泥石流流体性质	黏性泥石流
		稀性泥石流

（1）按照泥石流成因分类

按照泥石流成因，可以把泥石流分为冰川型泥石流、降雨型泥石流、共生型泥石流。

冰川型泥石流是指分布在高山冰川积雪盘踞的山区，其形成、发展与冰川发育过程密切相关的一类泥石流。它们是在冰川的前进与后退、冰雪的积累与消融，以及与此相伴的冰崩、雪崩、冰碛湖溃决等动力作用下所产生的，又可分为冰雪消融型、冰雪消融及降雨混合型、冰崩－雪崩型及冰湖溃决型等亚类。

降雨型泥石流是指在非冰川地区，以降雨为水体来源，以不同的松散堆积物为固体物质补给来源的一类泥石流。根据降雨方式的不同，降雨型泥石流又分为暴雨型、台风雨型和降雨型三个亚类。

共生型泥石流是一种特殊的成因类型。根据共生作用的方式，它们包括了滑坡型泥石流、山崩型泥石流、湖岸溃决型泥石流、地震型泥石流和火山型泥石流等亚类。由于人类不合理的经济工程活动而形成的泥石流，被称为“人类泥石流”，也是一种特殊的共生型泥石流。

（2）按照泥石流物质组成分类

按照泥石流物质组成，可以把泥石流分为泥石流、泥流、水石流。

泥石流是由浆体和石块共同组成的特殊流体，固体成分从粒径小于 0.005 毫米的黏土粉砂到几米甚至 10～20 米的大漂砾。这类泥石流在我国山区的分布范围比较广泛，对山区的经济建设和国防建设危害十分严重。

泥流是发育在我国黄土高原地区，以细粒泥石流为主要固体成分的泥质流。泥流中黏粒含量大于石质山区的泥石流，黏粒重量比可达 15% 以上。泥流含大量碎石、岩屑，黏度大，呈稠泥状，结构比泥石流更为明显。我国黄河中游地区干流和支流中的泥沙，大多来自这些泥流沟。

水石流是发育在大理岩、白云岩、石灰岩、砾岩或部分花岗岩山区，由水和粗砂、砾石、大漂砾组成的特殊流体，黏粒含量小于泥石流和泥流。水石流的性质和形成类似山洪。

（3）按照泥石流流体性质分类

按照泥石流流体性质，可以把泥石流分为黏性泥石流、稀性泥石流。

黏性泥石流流体是呈层流状态，固体和液体物质做整体运动，无垂直交换的高容重（1600～2300 千克/立方米）浓稠浆体。承浮和托悬力大，能使比重大于浆体的巨大石块或漂砾呈悬移状（1939 年 7 月四川汉源流沙河泥石流，一块大石块将一位老太太浮运 1.3 千米)，有时滚动，流体阵性明显，有堵塞、断流和浪头现象；流体直进性强，转向性弱，遇弯道爬高明显，沿程渗漏不明显。沉积后呈舌状堆积，剖面中一次沉积物的层次不明显，但各层之间层次分明；沉积物分选性差，渗水性弱，洪水后不易干涸。

稀性泥石流流体是呈紊流状态，固体、液体做不等速运动，有垂直交换，石块在其中做翻滚或跃移前进的低容量（1200～1800 千克/立方米）泥浆体。浆体混浊，阵性不明显，与含沙水流性质近似，有股流及散流现象。水与浆体沿程易渗漏、散失。沉积后呈垄岗状或扇状，洪水后即可干涸，沉积物呈松散状，有分选性。

除此之外，还有按水源类型划分为降雨型、冰川型、溃坝型；按地形形态划分为沟谷型、坡面型；按泥石流沟的发育阶段划分为发展期泥石流、旺盛期泥石流、衰退期泥石流、停歇期泥石流；按泥石流的固体物质来源划分为滑坡泥石流、崩塌泥石流、沟床侵蚀泥石流、坡面侵蚀泥石流等。

2.3.5 滑坡、泥石流的分布

地质灾害的发育分布及其危害程度与地质环境背景条件、气象水文条件、植被条件、人类经济工程活动及其强度等有着极为密切的关系。其中，构造运动是内因，不良气候条件是主要的诱发因素，不合理的人类经济工程活动使得地质灾害的发育程度日趋加剧。在所有地质灾害中，除地震外，滑坡和泥石流灾害较为突出，分布广、突发性强和破坏性强，具有隐蔽性和容易连锁成灾的特点。滑坡和泥石流是两种不同类型的块体运动，但在许多情况下，滑坡和泥石流紧密相连、相伴而生、迅速转化，难以截然区分，以致在研究同一地区的客观自然灾害现象时，有的研究者认为是滑坡，而有的会认为是泥石流。在很多时候，其实滑坡和泥石流是相伴而生的滑坡泥石流，开始是先发生滑坡，而后直接迅速转化发展成泥石流，这是同一过程发展的两个阶段。

我国幅员辽阔，山地面积大，地质岩性结构复杂，加上典型的地形和气候条件，成为世界上滑坡、泥石流多发国家之一。史书中早就有“山崩堵江”“移山湮谷”和“地移淹村”的记载。全国除上海外各省（区、市）均存在滑坡、崩塌、泥石流灾害，其中，云南、四川、重庆、贵州、陕西、湖南、湖北、江西、广东、广西、山西和福建等省（区、市）最为严重。其分布具有明显的区域性特点（图2－27）。

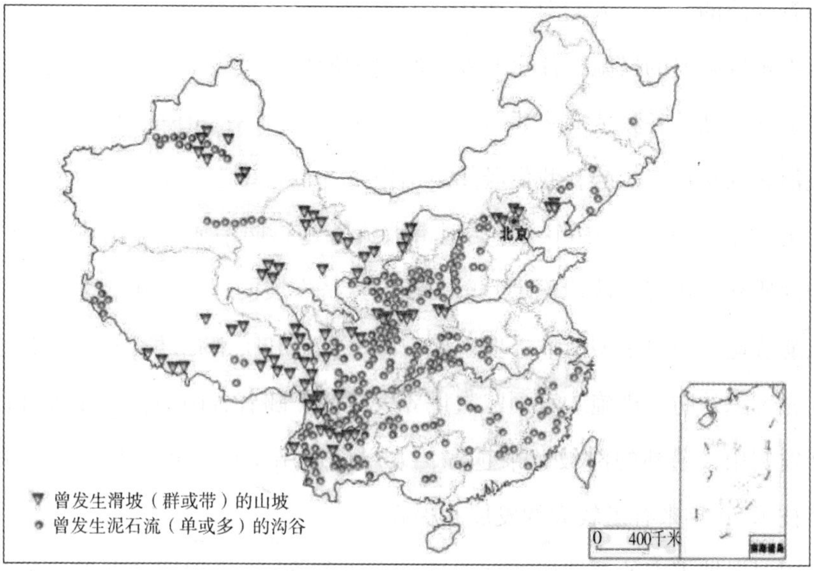

图2－27　中国滑坡、泥石流灾害分布图

西南地区的云南、四川、西藏、贵州四省（区）为我国滑坡、崩塌分布的主要地区。该地区滑坡和崩塌的类型多、规模大、频繁发生、分布广泛、危害严重，已经成为影响国民经济发展和人身安全的制约因素之一。

西北黄土高原地区，面积达60余万平方千米，连续覆盖五省（区），以黄土滑坡、崩塌广泛分布为其显著特征。

东南和中南等省山地和丘陵地区的滑坡、崩塌也较多，但规模较小，以堆积层滑坡、风化带破碎岩石滑坡及岩质滑坡为主。滑坡、崩塌的形成与人类工程经济活动密切相关。

在西藏、青海、黑龙江省北部的冻土地区，分布有与冻融有关、规模较小的冻融堆积层滑坡、崩塌。

秦岭—大巴山地区也是我国主要滑坡分布地区之一。堆积层滑坡大量出现。变质岩、页岩地区容易产生岩石顺层滑坡，对国民经济发展产生一定影响。尤其是该区的宝成铁路，自通车以来沿线的滑坡、崩塌年年发生，给铁路正常运营带来很多麻烦。其中以堆积层滑坡为主，与修建铁路时开挖坡脚有密切关系。

2.3.6 滑坡、泥石流的防治措施

随着经济的发展，人们对工业矿物原料的需求将日益增加，开采量将与日俱增。若不采取必要的措施，让重开发、轻保护的现象延续下去，由此造成的地质灾害将愈演愈烈，各种地质灾害及其危害必将日益加剧。环境保护已刻不容缓，治理整治必须从现在做起。我们既要金山银山，也要绿水青山。

欧美国家从 19 世纪中叶就开始对滑坡灾害进行防治研究。由于早期人们对滑坡的性质和变化规律认识不足，以及社会经济发展的程度所限，对那些大中型滑坡只能绕避，只对小型滑坡采取削破减载、反压和抗滑挡墙等措施，排水工程更是优先考虑的防治措施。直到二次世界大战后，随着各国经济的发展和国土资源的开发利用，遇到的滑坡越来越多，大规模运用支挡工程治理滑坡才真正开始，其技术 50 年来有了较大的发展和提高。

我国对滑坡灾害的系统研究和治理从上世纪 50 年代初期才开始。最早研究滑坡的是铁道部门。1951 年在整治宝天铁路时，就成立了塌方泥石流小组。1956 年在兰州铁路局成立塌方研究站，主要在包成沿线进行滑坡的整治和路基特别是设计方面的研究。1959 年铁道部在西安成立铁道部塌方科学技术研究所，深入研究塌方滑坡发生发展规律及其防治办法。虽然对滑坡、泥石流的研究起步较晚，但因对滑坡灾害的防治研究较系统深入，所以有关部门已结合我国国情研究开发了一系列有效的防治办法和原则，如避绕、排水、支挡、减重、反压等。虽然各国的具体条件不同，在防治滑坡的办法上也有所差异和侧重，但对滑坡总的防治原则基本是相同的。滑坡的工程治理主要有三个途径：一是终止或减轻各种形成因素的作用；二是改变坡体内部力学特征，增大抗滑强度使变形终止；三是直接阻止滑坡的启动。

泥石流防治是一项由多种措施组成的系统工程。它的预防措施有：划分泥石流的危险区、潜在危险区或进行泥石流灾害敏感度分区；加强水文、气象的预报工作，特别是对小范围的局部暴雨预报。当地居民要随时注意灾害预警预报，选好躲避路线，避免到时措手不及。泥石流发生前的迹象：河流突然断流或水势突

然加大，并夹有较多柴草、树枝；深谷或沟内传来类似火车轰鸣或闷雷般的声音；沟谷深处突然变得昏暗，并有轻微震动感等。去山地户外游玩时，要选择平整的高地作为营地，尽可能避开河（沟）道弯曲的凹岸或地方狭小高度又低的凸岸。切忌在沟道处或沟内的低平处找寻宿营棚。当遇到长时间降雨或暴雨时，应警惕泥石流的发生。如果发现有泥石流迹象，立即观察地形，跑至沟谷两侧山坡或向高地跑。逃生时，要抛弃一切影响奔跑速度的物品，不要躲在有滚石和大量堆积物的陡峭山坡下，不要停留在低洼地方，也不要攀爬到树上躲避。

2.3.7 典型实例

（1）美丽的“泥石流王国”东川市

中外学者称我国云南省的东川市有“天然泥石流博物馆”的称号，它曾是世界上最著名的暴雨泥石流活动区之一。美国的环境问题专家到这里参观时曾预言：100 年以后，东川市将从地图上消失。之所以这样说是因为泥石流的发生要具备三个基本条件：第一要有大量破碎的岩石，第二这些破碎的岩石要堆积在陡峭的山地上，第三还要有频繁的暴雨。东川全部具备这些条件，所以自然条件决定了在小江这个地方，泥石流是必然要发生的。事实上，早在 2000 多年前，这里还是一片茂密的原始森林，当时的彝族人民称它为“绿色森林中的村庄”。但自从发现铜矿之后，情形就不一样了。从汉代开始，人们就在这里开始冶炼铜了。由于当时技术落后，每炼 1 吨铜，就要砍掉一片郁郁葱葱的森林。尤其是新中国成立后，为了响应当时的大炼钢铁号召，森林资源再次遭到肆意砍伐，加上人口激增导致的毁林开荒，使得东川市的森林覆盖率由原来的 60% 下降到了 13%。地表由于失去了植被的保护，水土流失日益严重。一遇暴雨，泥浆就夹着石块顺着山势而下。久而久之，东川市的红土地更因人为和天气自然因素加速“红土沙漠化”，并在不少地区严重退化，形成“红色荒漠化”。尤其到了雨季，这里更是被泥石流以及伴随而生的滑坡、崩塌等地质灾害所包围。东川境内小江干流两岸及 3 条支流中下游，仅仅 90 千米的两岸就有灾害性的沟谷型泥石流 107 条，小型坡面泥石流更是不计其数（图 2 – 28）。“座座山头走蛟龙，条条沟口吹喇叭。”这是当地老百姓对不断暴发泥石流的小江编的谚语，用“喇叭”描绘泥石流冲积扇，多形象的比喻呀！可想而知，这里曾给当地人民带来多么深重的灾难，也给这片肥沃的土地留下一座座光秃秃的大山、一条条面目狰狞的深谷、一片片沙石堆积而成的巨型扇面，以及逶迤绵延的灰白色长龙。在这个泥石流灾害频发的地方，人们最真实地体会到了大自然无情的一面。

随着人们对环境越来越重视和当地政府加大对地质灾害的防治，这座建立在泥石流冲积扇上的城市，不仅没有被泥石流摧毁，还出现了泥石流博物馆里的绿色奇迹。现在，这里的人们吹拂着阵阵山风，悠闲自得地享受着夏日的清凉。再往山里走，还能看到许多半人工、半自然的绿色风景。水渠边栽种的石榴，和随处可见的鲜花绿草相映成趣。这里已经没有人会把山沟里流出的水和危险的泥石流联系起来，更不会想到这里曾经是泥石流经过的地方。

图 2-28 东川的小江泥石流

（2）暴雨袭击下的巫溪县

2012 年 7 月 5 日，重庆巫溪县因遭遇大暴雨袭击发生的山体滑坡等灾害，致使当地 15.6 万人受灾，直接经济损失逾 9000 万元。其实从 4 日 20 时起，该县全境普降暴雨，至 5 日 10 时雨势减弱、停止。持续的强降雨致使该县朝阳、红池坝、中岗、咸水、尖山、红岩、蒲莲、田坝等 8 个乡镇站点的降雨量均超过 105 毫米，达大暴雨等级，其中朝阳镇降雨量最大，达 125.7 毫米；双台、文峰、高楼等20个站点的降雨量也在61～99毫米，达暴雨等级。此次降雨同时引发该县多个乡镇山洪、滑坡等灾害。据统计，全县25个乡镇（街道）184个村，共15.6万人受灾。农作物受灾55平方千米，冲毁农田5平方千米，引起地质灾害20起，冲毁乡村公路路面800千米，公路垮塌480余处、1.5万立方米，多条通乡通村公路交通中断（图2－29），40余处渠堰水池受损，倒塌房屋62户、127间，损坏房屋138户、226间。

图2－29 暴雨袭击巫溪县致山体滑坡

（3）舟曲特大泥石流

2010年8月7日22时许，甘肃省甘南藏族自治州舟曲县城区突遭强降雨，县城北面的罗家峪、三眼峪泥石流下泄，由北向南冲向县城，造成沿河房屋被冲毁，泥石流阻断白龙江，形成堰塞湖（图2－30）。

有“陇上小江南”之称的甘南舟曲县向来以山清水秀闻名于世，滔滔白龙江横穿全县，宛如飘逸的哈达，穿林海，越深谷，增色不少。舟曲虽然四面环山，但山上全是郁郁葱葱的大树，和往日一样，夜色中的小城依然寂静而美好。许多人都已沉沉睡去；而那些还未进入梦乡的，享受着第一场秋雨带来的凉意，欣喜着，这个炎热而少雨的夏天终要过去；而秋天，亦是小城最美丽的季节，葡萄香，玉米甜，山明水净，丰收的人们乐开颜……孩子在睡梦里露出香甜的笑脸，

图 2-30 舟曲泥石流

身边的母亲轻轻拍打着他，可是谁能想到，这将是他们生命里最后一个安静的夜。

就是这样一个立秋的雨夜，一场泥石流从狭窄的山谷中奔咆而出，轰隆隆的响声震彻九霄，昔日平静的白龙江波涛汹涌，水位迅速涨高，冲毁了房屋，漫过了道路，中断了供电和交通，那个被称为“藏乡江南”的小城，从此，成了人间炼狱！漆黑的夜里，有多少人在毫无知觉的情况下被泥石流吞没，有多少人还未来得及逃离就已经窒息，又有多少人眼睁睁看着父老乡亲们被洪水卷走，却爱莫能助，痛彻心肺……

亲人离散，朋友失踪，那些熟悉的，不熟悉的，有过一面或几面之缘的，一个个鲜活的生命瞬间就被吞噬，一个个美满的家庭从此支离破碎，山河呜咽，大地同悲，怎能不让人心碎?

随后，救援工作有条不紊地紧急展开，国家防总紧急会商部署应急抢险工作，同时四川省政府已启动了Ⅰ级防汛抗洪应急响应和自然灾害救助Ⅱ级响应，全力开展抗洪抢险救灾工作。相关职能部门，如省国土资源厅、省疾病预防控制中心、省卫生厅、省交通厅测绘、省民政厅、电力和通信等部门，分别组织专业人员携带必要的装备和物资连夜赶赴灾区抢险救灾。兰州军区某集团军出动21

集团军的工兵团、防化团、步兵，第一、第七医院医护人员从甘肃、宁夏紧急赶赴灾区，并调用在宁夏的两架直升机载爆破专家前往舟曲实施爆破作业任务。同时，为确保白龙江陇南段沿岸人民群众生命安全，陇南市政府组织人员转移沿岸居住群众。

此次泥石流产生的原因：一是地质地貌原因。舟曲是全国滑坡、泥石流、地震三大地质灾害多发区；舟曲一带是秦岭西部的褶皱带，山体分化、破碎严重，大部分属于炭灰夹杂的土质，非常容易形成地质灾害。二是“5·12”汶川地震震松了山体。舟曲是“5·12”地震的重灾区之一，地震导致舟曲的山体松动，极易垮塌，而山体要恢复到震前水平至少需要3~5年时间。三是气象原因。2010年，国内大部分地方遭遇严重干旱，这使岩体、土体收缩，裂缝暴露出来，遇到强降雨，雨水容易进入山缝隙，形成地质灾害。四是瞬时的暴雨和强降雨。由于岩体产生裂缝，瞬时的暴雨和强降雨深入岩体深部，导致岩体崩塌、滑坡，形成泥石流。五是地质灾害自由的特征。地质灾害具有隐蔽性、突发性、破坏性强等特点。2010年国内发生的地质灾害有1/3是在监控点以外发生的，隐蔽性很强，难以排查出来。所以一旦成灾，损失很大。

2.4 崩塌

2007年11月20日，湖北省恩施土家族苗族自治州利川市，一辆载有31名乘客的客车遭遇了山体崩塌，客车被埋，车上乘客无一生还。这是一起典型的因为崩塌造成的悲剧。山崩地裂里的山崩是山体的一种崩塌现象，除此之外，在较陡斜坡上的岩石或土块在重力作用下突然脱离母体崩落、滑落的现象都统称为崩塌。崩塌与滑坡和泥石流的主要区别是，滑落的物体一般为大小不等、凌乱无序的岩块或土块，而且一般规模巨大，甚至能达到上亿立方米，同时速度很快，一般为5~200米/秒，能在瞬间淹没大片森林、堵塞河道、毁坏村镇，一旦发生在人类活动区域，造成的人员和经济损失将非常大。崩塌在历年重大地质灾害统计中仅次于滑坡，居第二位。

2.4.1 崩塌的成因和分类

崩塌处的岩石或土块由于长期的侵蚀与母体逐渐脱离，当最后剩下的一小块儿连接处无法支撑崩塌体的巨大重量时，崩塌体会突然脱落形成崩塌（图2－31）。

图2－31 崩塌灾害示意图（引自：《国土资源百科》）

在不同的岩石类型结构和环境下，崩塌发生的概率和规模有一定的差别。

崩塌形成的内在条件主要有：①岩土类型，决定崩塌规模。一般而言，各类岩土都有可能形成崩塌。岩性坚硬的各类岩浆岩、变质岩，沉积岩类的碳酸盐、石英砂，初具成岩性的石质黄土、砂砾岩，以及结构密实的黄土等能形成规模较大的崩塌；页岩、泥灰岩及松散土层往往以小规模剥落为主。越是致密的岩石，内部就越不容易出现裂缝，而本身松散的岩石，很容易就因侵蚀形成碎片。②地质构造，决定发生概率。岩石是非常稳定和坚固的，只有长时间的侵蚀作用才会造成岩石出现裂隙，一些岩石在地质活动的作用下会产生裂隙，例如，节理、裂隙面、岩层界面、断层等，这些裂隙会随着长时间雨水的渗入加速发展，使岩石达到发生崩塌的临界点。③地形因素，决定发生概率与危害程度。在我国西部广袤的山区，盘山公路上往往能看到在山坡上有水泥浇筑的防护带。其作用就是防止山体滑坡和崩塌。因为这些盘山公路、铁路两侧的山体坡度都很大，汽车、火车的长期碾压容易造成裂隙，形成山体崩塌的条件。

崩塌形成的外在条件，与山体滑坡、泥石流相近，主要有：①地震。地震的力量是巨大的，地震引起的山体晃动容易破坏原先的平衡，诱发崩塌、滑坡。一般地，地震的烈度大于7度的区域会诱发大量崩塌。②大雨、暴雨和长时间连续降雨。水不仅仅有侵蚀的作用，更重要的一点，水可以深入岩石中的裂隙。就像往气球里注水，到一定时间气球就会因为无法承受水带来的巨大压力而破裂。地表水渗入坡体、岩石的裂隙内，产生孔隙水压，在这种力的作用下就好像有人从缝隙内用力向外推，大块的岩石、土块就会破裂滑落，形成崩塌。③不合理的人类活动。在新闻中经常能听到煤矿塌陷类似的事故，所有改变岩石体原始平衡状态的人类活动，例如开挖坡脚、地下采空、水库蓄水和泄洪，都有可能诱发崩塌。

崩塌按崩塌体的物质成分可以分为两大类：一是产生在岩体中的，称为岩崩。二是产生在土体中的，称为土崩。

按发生的地方不同，又可以分为发生在巨大山体上的山崩，在河岸、湖岸、海岸发生的岸崩和发生在地下溶洞或采矿区的塌陷。从悬崖陡坡上落下的大石块崩落成为坠石会危及人的生命，因此，我们在很多风景名胜区，例如黄山、华山，都能在路边栈道上看到“当心落石　注意安全”的标志（图2－32）。

图2－32　崩塌危险地段的警示标牌

2.4.2　崩塌灾害实例

崩塌是比较常见的一种自然现象，每年因为崩塌造成伤亡的案例不计其数。

在我国，崩塌发生的地区多集中在陕西、四川、云南、贵州等多山、土质结构松散、多雨水地区。

2001年5月29日，贵州省兴义市雄武乡木咱村岩体发生崩塌，造成60万立方米崩塌岩石直接冲向村寨，事故淹没农舍7栋6户，毁坏房屋38户228间，造成10人死亡、重伤2人，直接经济损失500余万元。归结原因是因为连续多日的降雨，诱发了山上偏松软的砂岩、页岩大面积崩塌。

2008年汶川地震时，由于山体在地震中崩塌，大量岩体堆积在河口，形成的堰塞湖牵动了全国人民的心。为了确保生命安全，北川县唐家山堰塞湖下游沿岸1万多名群众不得不紧急撤离。

往年由于不合理开采造成的矿区塌陷安全事故也历历在目。所以一旦在人类活动密集地区发生崩塌，势必要酿成重大事故。

2.4.3 滑坡与崩塌的关系

滑坡和崩塌如同孪生姐妹，甚至有着无法分割的联系。它们常常相伴而生，产生于相同的地质构造环境中和相同的地层岩性构造条件下，且有着相同的触发因素，容易产生滑坡的地带也是崩塌的易发区。例如宝成铁路宝鸡至绵阳段，即是滑坡和崩塌多发区。崩塌可转化为滑坡，一个地方长期不断地发生崩塌，其积累的大量崩塌堆积体在一定条件下可生成滑坡；有时崩塌在运动过程中直接转化为滑坡运动，且这种转化是比较常见。有时岩土体的重力运动形式介于崩塌式运动和滑坡式运动之间，以至人们无法区别此运动是崩塌还是滑坡。因此地质科学工作者称此为滑坡式崩塌，或崩塌型滑坡。崩塌、滑坡在一定条件下可互相诱发、互相转化。崩塌体击落在老滑坡体或松散不稳定堆积体上部，在崩塌的重力冲击下，有时可使老滑坡复活或产生新滑坡。滑坡在向下滑动过程中若地形突然变陡，滑体就会由滑动转为坠落，即滑坡转化为崩塌。有时，由于滑坡后缘产生了许多裂缝，因而滑坡发生后其高陡的后壁会不断地发生崩塌。另外，滑坡和崩塌也有着相同的次生灾害和相似的发生前兆。

滑坡、崩塌与泥石流的关系也十分密切，易发生滑坡、崩塌的区域也易发生泥石流，只不过泥石流的爆发多了一项必不可少的水源条件。再者，崩塌和滑坡的物质经常是泥石流的重要固体物质来源。滑坡、崩塌还常常在运动过程中直接转化为泥石流，或者滑坡、崩塌发生一段时间后，其堆积物在一定的水源条件下生成泥石流。即泥石流是滑坡和崩塌的次生灾害。泥石流与滑坡、崩塌有着许多相同的促发因素。崩塌前兆是崩塌的前缘不断发生掉块、坠落、小崩小塌的现象；崩塌的脚部出现新的破裂形迹；不时偶然听到岩石的撕裂摩擦声；出现热、气、地下水异常；动物出现异常。

2.4.4 崩塌的防治与治理

因为崩塌的主因是有危岩存在，事故多为这些危岩滑落造成的。所以治理崩塌一般从两方面着手，一方面是加固危岩本身，让危岩变安全；一方面是加强保护措施，给人类穿上“防弹衣”。

针对不同的危岩类型，工程上有很多应对的方法，主动方式进行加固的几种方法有悬空物支护墙，滑脱体锚固，镂空区嵌补和裂隙区灌浆、勾缝（图2－33）。对悬空的岩体，可以修建支护墙和嵌补体，对危岩下方进行支撑和加固。对沿山体坡度发展的裂缝，可以植入锚杆使即将脱落引起滑坡、崩塌的岩体与母体重新连接起来。对垂直坡度向山体内部发展的裂缝，可以通过向裂缝中灌浆起到黏合、加固的作用，这种治理方法在建筑物加固上也经常用到。

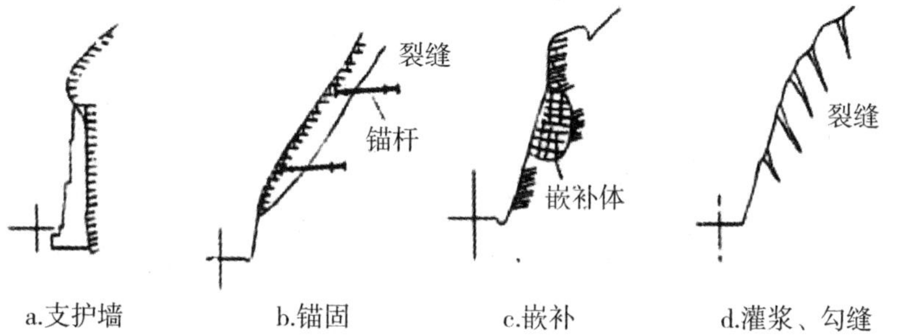

图2－33 主动加固危岩措施示意图（引自：《地质灾害防治技术》）

在崩塌或滑坡的危险处，国家是明令禁止修建民居的。而对于无法避让必须要通过的道路、铁路等工程，除了对坡体进行加固外，给道路、铁路穿上“防弹衣”是另一种被动防止事故发生的方法，这种方法叫作被动的保护方法（图2－34）。

被动的保护方法就是在有可能发生崩塌的危岩体下方留一定的缓冲空间，进行保

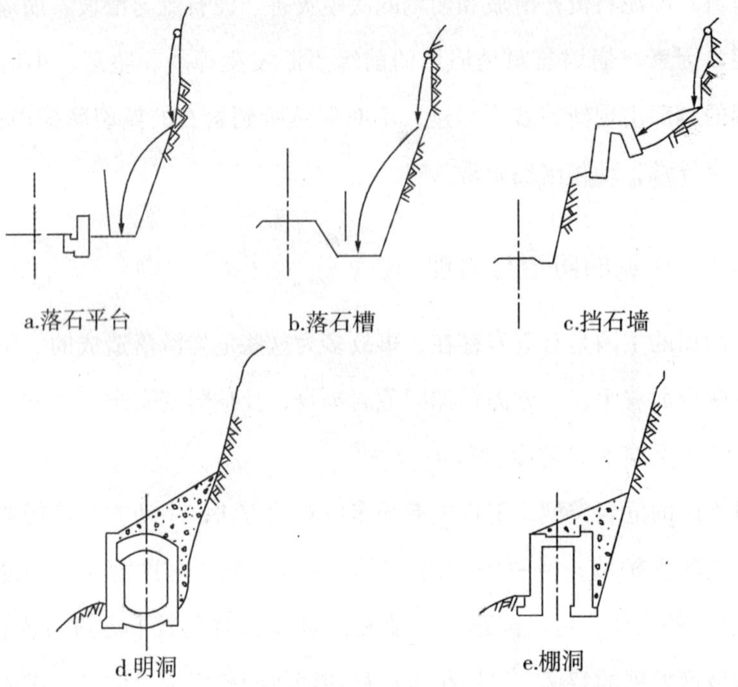

图 2-34　被动方式进行防护的几种方法（引自：《地质灾害防治技术》）

护拦截。例如，落石平台、落石槽、挡石墙都是一种刚性的阻挡措施，让落下的岩块、土块不会直接危及公路、铁路。对于空间有限，没有修筑缓冲区的地方通过修建隧道解决，这样就算发生崩塌，落石可以顺着坡滑下，不会危及隧道内的工程设施。

另外，在通往我国四川著名的风景名胜区九寨沟的路上，经常能看到一大片一大片用钢绳穿起的“渔网”（图 2-35）。这是一种新型的主动减灾系统，称之为 SN 柔性拦石网防护技术。钢绳具有一定的韧性和高强度，非常适合应用于抗击集中荷载和高冲击的环境。将这种钢绳网覆盖在有潜在崩塌落石危害的坡面上，网上的锚杆同时具有固定作用，一旦发生崩塌，网可以拦截崩落的岩块，使迅速掉落的岩块慢下来，防止发生砸伤和掩埋事故。

2.5　地裂缝

东非大裂谷，一个无数学者、探险家和摄影爱好者流连忘返的地方。这里有星罗棋布的湖泊，植被繁茂的森林，孕育着非洲众多的野生动物。人们感叹自然

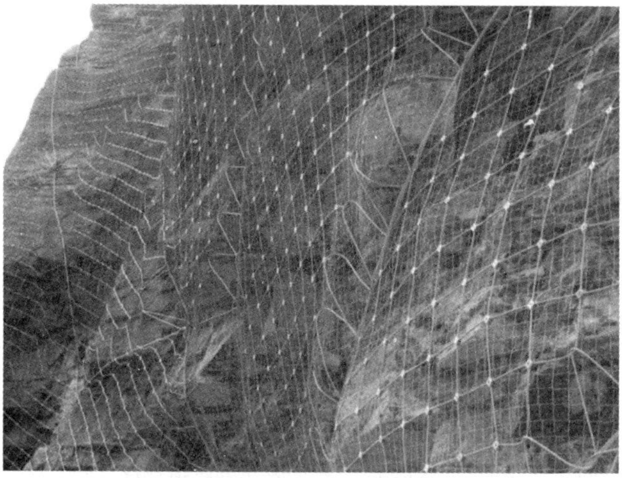

图 2－35 防止落石伤害的防护网

创造的如此宏伟的景观，有人形象地称其为“地球脸上最美丽的疤痕”。它是世界大陆上最大的断裂带，最深达 2000 米，宽 30～100 千米，全长 6000 千米，其长度相当于地球周长的 1/6。也是目前世界上最大的一条“地裂缝”。

地裂缝即地面上的裂缝，是一种地质活动的宏观表现。在地质活动巨大的能量下，地面的岩石和土壤产生一道道开裂，犹如一道道疤痕。而地裂缝的主要危害，是对地面设施的破坏。

2.5.1 地裂缝的成因及分类

地裂缝的形成与地质活动有着密切的关系，若某地区地下的岩石和土层无法承受它们受到的应力作用，就会发生破裂，这些破裂的缝隙延伸到地表，就成了地裂缝。受到什么样的力会造成地裂缝呢？不妨拿块儿橡皮试一试。当你在用力拉橡皮的两端，或者撕扯橡皮两端时，橡皮的中间就会逐渐裂开，地裂缝就是这样形成的。

当然，地裂缝的形成不单纯是因岩石和土层受力就能形成的。世界上对地裂缝成因的划分有很多种，有的从导致地裂缝的力的来源分类，有的从天然和人为角度来分类。

目前人类活动对地质环境的改造和影响越来越大，显然从天然和人为角度已经不太好划分其成因，造成地裂缝的力来源也不能单纯地从内力或者外力来看待。许多地裂缝的形成是几种因素的综合作用，其中以某一种影响为主因。所以，地裂缝的成因分类目前主要以其主导因素来划分（表2－5）。

表2－5　地裂缝分类简表

<table>
<tr><th>类别</th><th>主导因素</th><th>动力类型</th><th>种别</th></tr>
<tr><td rowspan="3">非构造地裂缝</td><td>人类活动为主</td><td>次生重力或动载荷</td><td>采空区塌陷地裂缝
采油、采水地面不均匀沉降地裂缝
人为滑坡、崩塌地裂缝
地面负重下沉地裂缝
强烈爆炸或机械振动地裂缝</td></tr>
<tr><td rowspan="2">自然外力作用为主</td><td>特殊土</td><td>膨胀土地裂缝
黄土湿陷地裂缝
干旱地裂缝</td></tr>
<tr><td>自然重力作用</td><td>滑坡、崩塌地裂缝
地震次生地裂缝</td></tr>
<tr><td rowspan="3">构造地裂缝</td><td rowspan="3">自然内力作用为主</td><td rowspan="2">断层运动</td><td>地震构造地裂缝</td></tr>
<tr><td>蠕滑地裂缝</td></tr>
<tr><td>区域微破裂开启</td><td>土层构造节理开启型地裂缝</td></tr>
</table>

（王景明，2000）

从表中可以看出，主导因素上大体可划分为两类，一类为构造地裂缝，另一类为非构造地裂缝。这里构造指地质构造活动。

（1）构造地裂缝：这类地裂缝的形成主要是地质构造作用的结果。多数这类地裂缝都分布在断裂带上，因为断裂带往往会导致地面的拉张变形，形成裂缝。另外，断裂构造在构造应力的不断作用下也会形成地裂缝。地震，尤其是比较大型的地震，很容易形成地裂缝。例如，唐山7.8级地震、汶川8级地震都不同程度地产生了地裂缝。四川炉霍7.9级地震中的地裂缝长达90千米，四川道孚6.9级地震中的地裂缝长44千米。

随着科技的进步，人类通过GPS定位系统、卫星航拍图片、GIS系统管理，以及通过了解天然地震、人工地震对地下结构的影响，都可以探测到地裂缝形成的规模和原因。

但无论是人类活动还是自然因素诱发，多数规模较大的地裂缝都脱离不了其所在地区的构造背景。这类地裂缝就像地壳运动在地表留下的“脚印”。地壳运动的驱动力是地球内部的应力，这类地裂缝具有有线性延伸，方向性强的特点。例如，通过西安市区和郊区的 10 条地裂缝均沿着北东—南西的大方向，只在局部地区有北西—南东方向的地裂缝出现。这就说明造成西安地裂缝的主要原因是该地区的地壳应力，就像我们向一个方向用力撕扯橡皮，橡皮最终会沿着一条线开裂。多数规模较大的地裂缝都是向一个方向呈线性延伸的。

因为地壳运动是一个很宏观的过程，其影响程度也较大，所以在地裂缝总体向一个方向延伸的同时，因地面的土质结构不同，有的地方比较密实一些，有的地方比较松散一些。地裂缝有时会“曲折”前进，有时会呈“树枝”状发散前进，这些形状的产生主要是因为地面的局部地区土质结构的差别造成的。打比方，我们撕扯一块儿棉布，在撕开的过程中有些地方纺织较疏松，这些地方就更容易被撕开，有些地方比较紧密，撕扯时就要费些力气。

（2）非构造地裂缝：这类地裂缝产生的原因比较复杂。有自然原因，也有人为因素。

人为活动因素的干扰。例如，地下水的过度开采引起地下水位下降，上部的土层因为失水造成干裂，或者地面沉降形成地裂缝；矿山等不当开采导致地下采空，引起地面沉降、岩土开裂形成地裂缝。

自然环境因素的诱发。例如，滑坡、崩塌、地面沉降等地质环境下都会促使地裂缝的发展。还有膨胀土的胀缩也会造成地裂缝。总体而言，影响地裂活动的首要条件是目前该地区地质构造活动的情况，其次是诸如滑坡、崩塌、地面沉降等天然地质灾害或人为的动力活动。

各类矿区、地面沉降区的地裂缝多呈环状。这类地裂缝一般规模较小，但分布范围广，而且不具有规则的方向性。在河南黄泛区和河北、山东等地经常会出现松散地层潜蚀地裂缝。黄土地区、膨胀土和软土地区、滑坡地带则分别为黄土湿陷地裂缝、胀缩地裂缝和滑坡地裂缝。这都是因当地特殊土质成分而形成的。

2.5.2 地裂缝灾害的主要特点

地裂缝这种自然现象本身并不能被划为灾害。只有地裂缝发生在人类活动的地区才有可能造成灾害。地裂缝的影响主要针对地表及近地表。地裂缝造成灾害的大小要从几个方面来考量：

（1）地裂缝是否发生在人类活动地区。如果发生在渺无人烟的山区或者高寒地区，这类地裂缝即使规模很大，也不会对人类造成直接的伤害。1951 年 11 月 18 日，伴随藏北高原当雄 8 级地震出现了总长 100 多千米地裂缝带，宽数米至 20 米，水平错距达到了 12 米，尽管其规模很大，但由于沿线荒无人烟，所以没有造成人类伤亡和财产损失。

（2）地裂缝是否有足够的规模和活动度。一般而言，造成灾害的地裂缝长度绝大多数在百米以上；长度小于百米的地裂缝对建筑物的破坏和危害都比较小，几乎不构成灾害；而微小的地裂缝对人类生产和生活的影响就更小了。例如，京津冀地区出现地裂缝 201 处共 449 条，其中给建筑物造成破坏的只有 17 处的 36 条，仅占全部地裂缝的 8%。

（3）人类活动引起的地裂缝的影响。从之前的介绍我们可以知道，人类的活动是可以诱发地裂缝产生的，甚至可以促进或加剧地裂缝的危害。例如，早在 1958 年西安就发现了地裂缝，1962—1964 年、1972—1975 年又在多处出现，但因其稀疏、零星、分散、位移量微小而未造成灾害，也就没引起人们的注意。此后，随着抽取地下水量的骤增，西安地面沉降加剧，到 1983—1993 年地面沉降量最大达到 2 米以上，引发对建筑物的破坏。

（4）对地裂缝的探测和防治也是地裂缝灾害影响大小的关键。目前已经有很多方法能够监测到大规模地裂缝的活动，只要我们充分重视地裂缝的影响程度，采取合理的避让或者防治措施，即使在人类密集地区出现规模较大的地裂缝，也可以利用科技手段减轻或避免灾害损失。例如，1981 年西安翠华路小学操场出现地裂缝，近几年，地裂缝一直从西向东发展，未来必然向东延伸至原西安地质学院北家属院待建场地。据此预测，放弃在该场地拟建两栋住宅楼的计划，改建为电影放映场，从而避免了该场地上地裂缝灾害。相反，西安大酒店建筑场地因未考虑地裂缝的最小安全避让距离而受灾严重，经济损失上亿元。

由于地裂缝的影响主要是在地表和近地表，所以直接横跨地裂缝的建筑物，无论新旧、材料强度大小或建筑结构类型，基本都会遭到破坏。地下的管网只要是直埋式经过地裂缝，不管材料、尺寸如何都会很快遭到破坏（图 2－36）。

因为地裂缝的形状发展有一定的不均衡性，所以对地表的破坏也呈现出不均衡性，就像树根越向地下越细一样，地裂缝也是地表宽、地下窄，所以地面的建筑、路面受到的破坏宽度要大于地下的人防工程。而地裂缝全段上，有些地段会活动得比较活跃，这些地方的建筑物就会受到严重的破坏；而活动微弱的地方，地裂缝辐射裂隙上的建筑物受到的影响就会比较小。在地裂缝呈“之”字、锯齿形、开叉形状的地区，破坏面就会比较大，呈“直线”的地区破坏面就仅仅沿着直线发展。

图2－36　地裂缝破坏管网等生命线工程

当然地裂缝虽然能量很大，对地表、近地表的建筑物和人防工程影响巨大，但是远离地裂缝带的地区，地裂缝的破坏影响就非常有限了，它基本不具备辐射作用。这也就是为什么城市预防地裂缝灾害采用避让措施会非常有效的原因。

地裂缝的发展并不是匀速的，它的发展是渐进式的。从单条的地裂缝带开始，逐渐扩散、扩大。与此同时，起初对建筑物的破坏仅仅限于其基础和下部，之后向上部发展，直到最终形成贯穿于整个建筑物的裂缝，或使建筑物发生倾斜。

地裂缝的形成既受地球动力活动控制，又受地壳物质性质、结构和地壳表面形态等因素影响；既受自然条件控制，又受人类活动影响。因此，地裂缝发生的时间、地点、强度等往往具有不确定性，也就是说地质灾害活动是复杂的随机事件。此外，受地质作用周期性规律的影响，地质灾害又常表现出周期性特征。地裂缝活动具有明显的周期性和波动性，例如华北区地裂缝近30年存在4~5年一次的周期性活动。

地裂缝对地面建筑物的破坏是最明显的，坐落在地裂缝带上的建筑物会出现垂直的开裂缝。一些地裂往往还伴随着一定的沉降差产生，这就会造成倾斜的开裂缝。垂直开裂一般发生在建筑物上相对脆弱的地方。而倾斜的开裂不同，主要出现在一面整体的墙面上。地裂缝造成建筑物破坏多数由地基开始，所以很容易造成建筑物无法修复而必须拆除。据统计，西安地裂缝造成的经济损失中仅建筑物一项就达到5.3亿元。

地裂缝对于生命线工程的危害更大。因为生命线工程通常都提供了重要的生产、生活基础资源，例如水、通信、能源、交通线等，涉及电力、供气、供暖、供水、排水、通信、交通网络等。地裂缝带上的这些工程会受到直接损害，同时也会诱发次生灾害，如因煤气管道断裂而气体外逸引发的爆炸，供排水管道破裂引发的灾害。从直观表现来讲，地裂缝对这些工程的损害远远不及对建筑物的破坏那么明显，所以往往隐藏着更大的危险，轻则交通中断，重则危害人的生命安全。

2.5.3 地裂缝灾害实例

地裂缝在世界各地均有出现。早在几千年前，我们的祖先对地裂缝就有记载。在《墨子·非攻下》一文中，记录了一次地震地裂缝的情景："昔者三苗大乱，天命殛之……地坼及泉"。地坼，即现在所说的地裂缝。在《史记·赵世家》一书中，对地震地裂缝的描述又进了一步。书中介绍说：秦始皇十六年（公元前231年），代地大动，自乐徐以西，北至平阴，台屋墙垣大半坏，地坼东西百三十步。书中所说的代地，在今河北省蔚县境内，其所描述的地裂缝不仅有方向，而且还说明了长度。

在近代，我国最有名的地裂缝灾害要数西安地裂缝（图2-37、图2-38）。自1977年发现以来，已给城市建设带来了很大危害。市区发生的强烈地裂缝活动严重危害城市生命线工程，已切穿市区内交通主干道达到74处。在一些严重地区，路面破裂，发生垂直位移，并出现台阶，机动车通过非常困难。在铲平修复后不久，地裂缝的活动台阶又会再次出现。除了对路面的影响，地裂缝还裂断了很多地方的供排水管道，造成停水、污水横溢。另外，地裂缝还造成地面建筑物被废弃、很多沿途场地被迫闲置、文物古迹开裂受损。西安地区的地裂缝是由当地构造活动和过度开采地下水双重因素导致的。

图 2－37　西安原图书馆遗址

图 2－38　小区路面严重开裂的地裂缝

在国外，著名的赌城——美国内华达州拉斯韦加斯城曾受到地裂缝的困扰。拉斯韦加斯城自1905年开始抽取地下水供水，由于开采地下水量超过了地下水的补给量，地面逐年下沉。在地面沉降区域，地裂缝随处可见。一般先开裂2~3毫米，之后由于地表水渗入，水的侵蚀作用逐渐形成垂直或水平的管状空洞，最宽能达到1~2米，后渐渐形成数米至数十米长的地裂缝，可见深度达30米，甚至更深。伴随着地面沉降产生的地裂缝，再加上断层活动，使各类地面建筑物受损，沉降区的井管折断、切断，供排水管道和煤气管道断裂。据统计，1905—1915年间直接经济损失达1200万美元（当时折合人民币约1亿元）。拉斯韦加斯的地裂缝形成与前边介绍的西安地裂缝具有一定的相似性。

这再一次证明，在构造背景下，人类活动诱发造成的地裂缝一般影响较大，如果不及时防治，不仅影响时间很长，而且危害会越来越严重。

2.5.4 地裂缝的监测与灾害防治技术

针对地裂缝的主要成因，一般对地裂缝灾害的防治遵循着监控、早发现早治理的原则。

（1）勘察与预测

勘察与预测技术目前主要是通过利用GPS（全球定位系统）监测、人工水准测量、形变监测来监测城市地面的不均匀沉降变化来预测监控地裂缝的产生发展。

利用GPS全球定位技术可以在城市中随机固定几个测量点。通过对比每年各个点位置的垂直、水平读数可以作图直观地看到各个位置的运动情况。通过计算可以知道哪些地区变化比较明显，哪些地区下降或上升比较快。

利用形变测量，尤其是跨断层形变和水准测量可以检测城市下断层两端运动的情况。打个形象的比方，两个人拉着一根皮筋的一段，那么就成了一个最简单的形变观测仪器。两个人相对的运动都会反映在皮筋的长短和方向上，从而间接地知道这两个人是远离了还是靠近了。通过跨断层形变的测量可以预估断层的活动情况，用以预测地裂缝。

仅靠常规的监测方法，人类对地下结构的认识还很肤浅。所以有很多学者通过别的方法来研究地裂缝。例如，地质学家通过对潜在地裂缝灾害区域的实地考察和凭借他们丰富的经验，可以尽早发现一些处于向上扩展阶段的隐伏地裂缝，在灾害发生之前及时处理。地球物理学家通过天然和人工地震勘探，通过三维成像方法来重建地下的形态特征，寻找有可能导致地裂缝的构造背景。就像给人脑做 CT，天然和人工地震产生的地震波由记录仪器记录到，然后利用成像技术就能给地下做个 CT 扫描。例如在 2000—2003 年，在苏锡常地裂缝勘查中使用了包括地震面波、三维地震、浅地震再结合钻探的多种方法，取得了含水层以上不同时期成因、土层的分布厚度和地裂缝从地表向下切割含水层至基岩面的勘查成果。在勘察中，探槽和钻孔数据是非常有用的，在西安地裂缝调查中，工作人员就曾利用开挖形式追踪到 25 米深地下，为了解地裂缝的空间分布提供了最直接的证据。

目前为了更深入地了解地下的结构，很多学者还引入了更多的新方法，例如通过卫星等遥感技术，甚至利用 InsaR（干涉雷达测量）干涉技术获取地面的信息来研究地裂缝。目前利用 GIS（地理信息系统）可以利用所有这些勘察、监测结果建立一个庞大的地理信息数据库。通过地理模型分析方法能够把各类勘察和监测结果综合起来分析。通过建立仿真模拟模型，根据监测区域的数值统计，能够对地裂缝的发展趋势进行预测。对有可能发生地裂缝的区域进行合理的避让和规划，避免灾害发生。所有的这些都基于监测、勘察，也就是通常所说的防患于未然。而对于已经产生地裂缝灾害的地区，应该如何治理也是一门学问。

（2）地裂缝灾害防治

人类活动是地裂缝产生的诱因之一。前文提到的发生在美国拉斯韦加斯的地裂缝，以及我国西安的地裂缝，其主要诱因都是过度开采地下水，引起地面沉降导致。所以我们人类在谋求自身发展的同时，要保护环境，维持生态平衡，这不仅仅是为了地球，也是为了我们自己。控制地下水、矿产的过度开采能降低地裂缝的发生概率。对于过度开采的地区，实行人工回灌技术能有效避免产生地裂缝。

对于已经产生地裂缝灾害的地区，合理的防治手段主要分为避让和加固（部分拆除）两种。

避让是一种有效减少地裂缝损失的方法，即使地裂缝继续发展也不会造成更多的损失。避让需要解决的核心问题是避让多远。科学家利用前文提到的预测方法对地裂缝的发展程度进行合理的分析，然后规划避让的距离。但是避让也有缺点，在人口密集的城市，要做到完全的避让非常困难，另外，也是对土地资源的一种浪费。

加固主要针对已经在地裂缝上、无法完全拆除，或者无法避让的情况。这里细分了很多工程上的防治技术。

修修补补——高压注浆、局部加固：高压注浆技术其实是利用高压，将混合好水泥的黏合剂注入到有裂隙的地方，并人工在一些位置上钻开一些小孔注入。当黏合剂凝固后就能起到加固的作用。在局部变形的地方进行合理的加固也能起到保证建筑物安全的作用。

曲线救国——断裂置换、局部浸水：地裂缝的裂开，前文已经说过，有一定的不均衡性，局部脆弱的地方更容易裂开，断裂的传播遵循的是费马原理（能量最小原理），有了物理基础，我们可以在地裂缝附近的建筑旁设置一条“人工地裂缝”，然后对原有建筑进行加固，这样地裂缝的发展就会向人工地裂缝发展，原来的地裂缝段成了不活动的“死地裂缝”，这种方法特别适用于建筑走向与地裂缝走向接近一致的情况，即断裂置换。而局部浸水是怎么回事呢？我们知道地裂缝诱发的一个原因是地面沉降，也就是地面出现了比较大的高度差异，从而形成地裂缝。如果是比较松散的土质，例如黄土地区，利用黄土的湿陷性及其下沉稳定较快的特点，可进行有控制地局部浸水（必要时还可加压），使下沉量较小的一边得到一个人工补偿下沉量，以便使整个基础达到均匀下沉的目的，这就是局部浸水方法。

能屈能伸——弹性结构、伸缩空间：建筑物可以避让，但是公路桥梁、水电管网往往无法做到完全的避让，甚至有些道路管道还必须跨越地裂缝。这难不倒聪明的工程师们，对于管道工程，工程师通过可以活动的支座和伸缩式的接头来跨越地裂缝，这样就算地裂缝有活动，因为管道具备一定的伸缩性，所以不会受到破坏。当然仅仅有这些结构设计还不够，在重要的管线工程，如供气、供油等管道的跨越地段还加装了简易的观测装置，以便对地裂缝进行跟踪观测，一旦地裂缝运动加快，可以及时发现，保证不出危险。而对于跨越地裂缝的道路，一般是通过设置缓冲层（一般是碎石层）来保证道路不被断裂，并将道路分块儿铺设，块与块之间填入有弹性的材料来实现缓冲。

除了加固和避让，更重要的一点是对地裂缝本身的控制。很多地裂缝产生后，除了构造运动外，水的侵蚀也是加剧地裂缝发展的重要原因，所以我们可以发现很多地方治理地裂缝的同时，都非常重视对地裂缝地区排水系统的建设。

2.6 洪灾

苏美尔人是公元前3000年居住在中东地区的古老民族，从如今伊拉克的沙漠地区出土了大量记录苏美尔人历史的楔形文字的泥板，上面记载着古老的神话和传说——远古时代的地球曾发生一场惊天动地的大洪水。泥板上记载，遥远的年代，四位神灵苍天之神、大护法神、战争与爱的女神、水神共同统治这个地球。其中水神最关心人类，是人的守护神。在那个时代，地球上人类分布十分稠密，人类不断繁衍，整个世界充满噪声，如同野牛吼叫，吵得天神不能成眠。大护法神听到人间的喧嚣，便对座上诸神说道："人类的喧闹实在刺耳，吵得我们不能安宁。"于是众神决定消灭人类……那个日子终于来临了。破晓时分，天际涌现一堆乌云，风暴之神策马驰骋，传出阵阵雷声，白昼转变成黑夜。一连六天六夜，暴风和洪水同时发威咆哮，波涛汹涌，洪水淹没整个世界。第七天黎明，暴风终于平息，海面逐渐恢复宁静，洪水开始消退。放眼一望，一片死寂，大海一望无际，平滑得如同屋顶的天台。地球上的生灵全都葬身水中……周围触目所及尽是白茫茫的大水……约莫四十余里外，水中矗立着一座高山。

据说这些记载不是苏美尔古国流传下来的唯一文字记录，在伊拉克出土的其他泥板中，都有类似的故事，而且其中有些泥板的年代几乎有五千年历史。

1922年，英国考古学家伦德纳·伍利爵士，对巴格达与波斯湾之间的美索不达米亚沙漠地带进行考察挖掘，结果发现了苏美尔古国吾珥城的遗址，并发现了该城的王族墓葬。在这个墓穴之下，伍利和他的助手们发现了整整有二米多厚的干净黏土沉积层。这层厚达二米的干净黏土是从哪里来的呢？经过对黏土的分析研究后发现，这层干净的黏土属于洪水沉积后的淤土。由此可以得出这样的结论：在人类用泥板记载历史之前，这一带曾经发生过一场巨大的洪水，这场洪水足以摧毁苏美尔文明，甚至整个人类文明。

在中国，“洪水”一词的来由，还要从中国古代共工氏治水说起。在大禹治水前，相传最早治水的是共工氏。他治理的河流发源于共山，本来叫共水。山洪下来，共水泛滥，成为洪水；黄河涨水，共水倒灌，称为洚水。当初“洪水”一词，本是描述共水流域发大水的专用名称，后来，随着共工氏治理洪水的经验广泛流传，天下各地发的大水也都成为洪水了。

由此可见洪水灾害伴随着人类发展的整个历史，并深深影响着人类文明的发展历程。从古至今，无论是哪个国家，哪个朝代，“治水”“抗洪”频繁在史料记载中出现。可见洪水灾害影响之大。

2.6.1 洪灾的成因

（1）气候与降水

《淮南子·览冥训》：往古之时，四极废，九州裂；天不兼覆，地不周载；火爁炎而不灭，水浩洋而不息；猛兽食颛民，鸷鸟攫老弱。于是女娲炼五色石以补苍天，断鳌足以立四极，杀黑龙以济冀州，积芦灰以止淫水。苍天补，四极正，淫水涸，冀州平，狡虫死，颛民生。可见，古时洪水又称为淫水，什么是淫水，《说文》：久雨为淫。由此可见，造成洪水的主要原因就是大量的水，大量水的聚集主要依靠的就是降水。另外溃坝、海啸也会带来大量的水。一个地区的气候环境直接决定了该地区的降雨情况。例如我国，地理位置处于中纬度和亚洲大陆东岸，受青藏高原的影响，季风气候异常发达。随着季风的进退，在不同季节产生了各种天气现象，其中就有与洪水关系密切的梅雨和台风。

梅雨，指每年6月上中旬至7月上中旬在长江中下游和淮河流域的大范围降水天气。梅雨季节开始与结束的时间，以及降雨的多少将直接影响当年洪水大小。例如，1931年、1954年、1991年的江淮特大洪水，就是梅雨来临早、结束迟、雨期长、降水多造成的。

台风，每年6—10月，由我国东南低纬度海洋形成的热带气旋北移，携带大量水汽途经太湖地区，造成台风型暴雨。而根据统计，由于是季节性台风，每年7—9月台风的登陆次数最多，约占全年的77%。如此密集的时间会造成短期内大量的水聚集。同时台风引起的风暴潮会造成沿海地区被水淹没。

我国这种特殊的气候造成了降水时间分布不均。据统计，在一年内连续4个月最大降水量占全年降水量的百分率中，最低的地区是新疆北部（受西风带影响较多）、西藏东南一隅及太湖和钱塘江一带，不超过50%；其次是淮河以南至南岭一带广大地区及琼、台的部分地区，不超过60%；最高的是华北平原、东北平原、内蒙古高原、西藏大部、新疆和青海的部分地区，均占80%以上；其他广大地区占60%～80%。我国（特别是北方）降水量年内分配的集中程度远远超过同纬度的欧洲各国。

降水强度对洪水的形成和特性具有重要意义。我国各地大的降水一般发生在雨季，往往一个月的降水量可占全年降水量的1/3，甚至超过一半，而一个月的降水量又往往由几次或一次大的降水过程所决定。在西北、华北等地这种情况尤为显著。东南沿海一带，最大强度的降水一般与台风影响有关。江淮梅雨期间，也常常出现暴雨和大暴雨。短期的暴雨和连续性降水非常容易形成暴雨洪水。一旦降水量超过河道的排放能力，就会形成洪灾。

（2）地貌与地质环境

有些地区容易形成洪灾，有些地区通过治理能够避免洪灾，这都是地形地貌对洪灾的影响。大量的水是形成洪水的先决条件，地形地貌是造成洪灾的另一重要条件。

山脉的分布会对洪灾形成产生影响。例如山脉的迎风坡容易引起降水，造成局部的雨量分布不均。

在海岸平地和河流流域低洼处、急弯处或沉积淤积处，都是洪灾容易发生的地区。在海岸平地和河流两岸的低洼处，地势较低，一旦碰到连续性降水，水位便会上涨，淹没土地，形成洪灾。著名的恒河三角洲地区，由于地势低平，海拔仅10米，河网密布，在季风引起的多雨季节或是碰上风暴潮，很容易遇上大面积的洪水泛滥。

因为河床变浅，河道淤积，容量减少，所以在大量降水下，洪水会溢出河道，形成洪灾。黄河流域中段是我国黄土分布最集中的地区，其分布面积广，厚度大，地势较高，被称为黄土高原。黄土多而集中的地带，土层疏松、透水性强、抗蚀力差，植被缺乏，水流侵蚀严重，水土流失突出，洪水含沙量很高，甚至有些支流及沟道往往出现浓度很高的泥流。我们熟知的大禹治水的故事发生在黄河中下游，洪灾发生的原因就是由于黄河水中携带着大量的泥沙，当到下游时出现了沉积，令黄河下游河床变浅，黄河水在多雨季节泛滥成灾。

（3）人为活动诱发

洪水的形成除了气候环境因素外，人类活动尤其是改变地区环境的活动也会对洪水的产生造成影响。人类一方面在努力治理洪水灾害，另一方面，一些不当的活动会造成本不该发生洪水的地区形成洪灾。

大片的森林植被既可以减少蒸发、减少地表径流、增加降水，又可以截留降水、涵养水源、保持水土、改变局部地区的水分循环，从而调节气候。这样的双重功效既能防治洪水，又能防治干旱。盲目砍伐，一方面会导致土壤的吸水能力减弱，加速土壤侵蚀。在暴雨之后，雨水会迅速流至下坡，到达河道，产生洪峰；另一方面因为土地缺少了植被保护，增加了水土流失，大量砂石在下雨时被雨水冲走，流入水库，造成水库淤积，库容减少；流入河道，使下游河道淤积抬升，降低了调洪和排洪的能力。除了盲目砍伐、不当的耕作方式，在山坡上过度放牧也会造成土地失去植被保护，加速土壤侵蚀现象。

据统计，1957 年我国长江流域森林覆盖率为 22%，水土流失面积为 36.38 万平方千米，占流域面积的 20.2%；到 1986 年森林覆盖率减少了一半多，水土流失面积增加一倍，仅四川省的水土流失面积就超过了 20 世纪 50 年代长江流域水土流失面积的总和。水土流失导致的山体蓄水能力丧失，河道、水库、湖泊容积下降是长江洪灾频发的原因。1996 年、1998 年两年的长江洪峰流量比 1954 年的小，而水位却比 1954 年的高出几十厘米。

肥沃的平原是人类耕种的最佳地区，也是人类文明的起源地。随着世界人口膨胀，各国粮食需求逐年增加，再加上城市化造成的大面积耕地流失，通过与河争地、围垦江湖来增加耕地面积就成了在所难免的事情。例如我国东部平原，人口密集，人多地少矛盾突出，围垦湖泊的事情非常常见。但是任意扩大围垦会使湖泊面积和数量急剧减少，降低湖泊的蓄水调节作用。据粗略统计，近 40 年来，湖南、湖北、江西、安徽、江苏5省围垦湖泊的面积在12000平方千米以上，相当于今洞庭湖面积的4倍多，因围垦而消亡的大小湖泊达1100个左右，其中对调蓄长江洪水起关键作用的通江湖泊围垦和淤积尤为严重。湖南省的洞庭湖，20世纪50年代初期面积为4350平方千米。后建起垦区面积在100平方千米的有大通湖蓄洪垦殖区、西洞庭湖蓄洪垦殖区等7处，总计围垦区面积在1500平方千米以上。在围垦和上游泥沙沉淀物的双重作用下，1983年的洞庭湖面积骤减到2625平方千米。在不稳定的生态环境下，1998年暴发了特大洪水灾害。此后洞庭湖实施了退耕还林，退田还湖，努力使当地的生态环境恢复。但破坏容易恢复难，洞庭湖地区自2006年又遭遇了连续多年的旱灾，更是在2011年的汛期遭遇了百年一遇的严重旱灾。由此可见人类的不当活动对自然环境的影响。

高度城市化带来的气候、排水双重问题。2012年北京的水灾刚刚过去，虽然这次灾害不能算严格意义上的洪灾，但从另一方面折射出高度城市化带来的隐藏的危险。因高度的城市化，地面被大量不透水的沥青或水泥覆盖，雨水无法以渗透的方式流入地下，而完全依赖城市的排水系统以及河道排放雨水。与此同时，城市的“热岛效应”使城区的暴雨频率和强度提高，加大了洪水成灾的可能性。在很多城市的扩张过程中，城镇周边原有的湖泊、洼地、池塘、河沟不断被填平，使得城市周围缺乏调蓄能力的空间，从而更加依赖城市排水系统，一旦排水系统超过负荷，城市就会发生水灾。若城市人口密集、经济发达，洪水灾害造成的损失往往更大。

2.6.2 洪灾的时空分布

(1) 世界洪灾概况

河流孕育了人类文明，在世界陆地总面积中，河流流域面积占86.4%。伴随着河流两岸人类文明的发展，洪水也给人类带来了巨大的痛苦和灾难。

美国国土面积为936万平方千米，其中有1880万人处于洪水威胁之中，占全国人口的8.7%。洪灾所造成的经济损失，1957年为15.96亿美元，1966年为17.37亿美元，1980年为24.39亿美元，2000年为35.36亿美元。1993年，密西西比河发生的20世纪北美洲最大的洪水，肆虐美国中西部的9个州，造成直接经济损失150亿美元，死亡50人。数以百计的堤防决口，很多人无家可归。

在欧洲中部及东部地区，2002年夏天发生了特大暴雨和洪水。德国受灾人口超过400万，几十万人被迫转移，直接经济损失150亿欧元；俄罗斯南部黑海地区，18座城镇受灾，2.1万座房屋被淹，3万多人被围困，至少58人死亡，数十人失踪，经济损失超过10亿卢布。

（2）我国洪灾概况

由于前文提到的我国地质环境，以及季风气候的原因，洪水灾害历来是我国最严重的自然灾害之一，历史上有关水灾的文字记录可以追溯到4000年以前。据粗略统计，自春秋战国到新中国成立前的2000多年中，黄河决口泛滥1590次，重大改道26次，波及范围北至天津，南达江淮，影响范围达28万平方千米；长江发生特大洪水200多次，平均每10年就发生一次特大洪水灾害。除了长江黄河，我国大小江河众多，淮河中下游是两年一小水，三年一大水；松辽流域平均每2—3年发生一次洪水。据统计，1950—2000年，全国因洪涝灾害累计受灾47800万平方千米，倒塌房屋1.1亿间，死亡26.3万人。1990年以来全国年平均洪涝灾害损失在1100亿元左右，约占同期全国GDP的2%。1998年特大洪涝灾害后，国家加大了对洪涝灾害的防治力度。2000—2010年，我国发生的洪涝灾害年平均直接损失下降到989.15亿元。

洪水带来的危害与海啸、内涝类似，除了建筑、经济财产的损失，对人的生命也是极大的威胁。洪水过后的重建工作，以及生态的恢复都是对我们的巨大考验。我们通过举例子，看看洪水都有哪些危害。

2.6.3 典型洪灾实例

密西西比河是美国的第一大河，它在一望无际的美国中部大平原上蜿蜒流过，沿途吸纳了许多中小河流，经过6000多千米的长途旅行，浩浩荡荡奔向墨西哥湾。这条河流灌溉了美国最重要的中部农业区。从18世纪末起，大量移民从东部向中西部广阔地区迁移，密西西比河流域得到大规模的开发。但是这条混浊如泥汤的河流在全流域治理完成前，年年洪水泛滥成灾，其支流田纳西河、俄亥俄河也推波助澜，使得中东部地区饱受洪水之苦。

几乎每隔几年，密西西比河就会发生一次严重的洪水灾害。1927 年，由于密西西比河上游明尼苏达州、威斯康星州等地区先后出现暴雨天气，大量降水汇集到密西西比河，大水冲垮堤岸，顺着中下游地势平坦的平原奔向四面八方，沿途的孟菲斯、圣路易斯等重要城市被洪水淹没，重灾区面积达 6.7 万平方千米，7.3 万平方千米的农田沉入水底，据不完全统计，有 2000 多人被淹死。灾区内大部分工厂停工，交通几乎全部中断，60 万人丧失家园。

仅仅过了 10 年，1937 年，密西西比河上游重演了 1927 年的悲剧，仅从俄亥俄河注入干流的洪水就达到了 10360 亿立方米，水量相当于五大湖之一的伊利湖全部水量的 1/4，水漫堤而出，堤外一片汪洋，淹没面积达到 8 万多平方千米（图 2－39），与世界第二大湖苏比利尔湖一样大。2008 年，美国中西部迎来了 500 年一遇的洪水，除了城市、农田被洪水淹没，洪水还导致了油价和粮食价格的上升，引发了不少社会问题。2011 年 5 月，密西西比河流域水位持续升高，达到历史峰值，为了保护一部分城镇，美国动用了陆军炸开堤坝泄洪，淹没了 1300 平方千米的农田。从两张美国宇航局公布的对比卫星图片上，我们可以明显看到洪水的凶猛程度（图 2－40）。

图 2－39　1937 年洪水把密苏里州东普雷里地区的房屋包围

图2-40 左图为正常时河面宽度，右图为洪灾暴发时河面宽度

洪水除了对人类生活产生巨大影响外，还对灾区内的动物生存产生了深远影响。随着洪水的扩散，很多动物被迫向安全的更高的地带迁徙，虽然大部分动物能幸存下来，但是它们原有的栖息地可能需要几年时间才能恢复正常。

从历次密西西比河洪灾的数据上，我们大致可以看到洪水危害分为两大块，一是对我们人类生活的影响，一是对生态环境的影响。

对人类生活的影响：农业减产甚至绝收；工业停产，甚至厂房被破坏；交通中断；城市被淹，居民被迫流离失所；洪水导致疾病，尤其是瘟疫的传播；人员伤亡。

对生态环境的影响：造成大面积水土流失，河道、湖泊、水库中的泥沙淤积进一步降低蓄水调节能力；引起病菌和有毒物质随洪水扩散，污染环境，危害动植物健康；破坏原有生态环境，使动植物失去生存环境。

2.6.4 从治水故事看洪灾治理

对于洪水的治理，一直伴随着人类发展的始终。随着科技的进步，人类对自然认识的加深，对天气的预警预测技术水平初步提高，治理洪水的方法在逐渐发展。

大禹治水，三过家门而不入的故事妇孺皆知。大禹在治理洪灾技术上的功绩无外乎水功、土功。大禹的水功，就是疏通“九河”，解决黄河泛滥的问题。那时的黄河，河自出太行而东，南北两崖，平衍沙壤，水无定居，随所奔注，辄成巨流。黄河离开太行山东面的大平原之后，就折向东流，分成了数十条水道，称为“九河”，在如今天津以南注入渤海。禹疏九河，只是治理黄河，疏通这些水道，使黄河水能够顺畅地入海。由此可见，应对洪水的第一个方法就是提供能够泄洪的空间，河道的通畅是水能够快速离开的首要保障。每年小浪底的调水调沙工作，也是为了清理黄河下游河道内积攒的泥沙，起到通畅河道的作用，提高应对洪水的能力。大禹的土功，就是“平土”，兴修水利。大禹疏通河道，平了黄河水患后，没有就此停歇，而是顾其疆场，作其沟浍，涝患涝蠲，旱亦获济。大禹把土地画成方块，挖沟开浍。

兴修水利，增加对洪水来临时的调蓄能力，是大禹治水成功的另一关键。单纯的“堵”、单纯的“导”都不能有效解决问题。所以治理洪水，最主要的两个手段就是疏导和规划。规划涉及水文气象监测、水利工程修建、民居规划、生态环境保护等方方面面。通过修建人工湖、水库对河流的水量进行调节；保护河流上游的生态环境，治理水土流失；对流域沿岸的低洼地区实施居民区避让；对容易发生洪水灾害的地区一方面加强堤坝建设，一方面进行疏导治理。这都是规划涉及的内容。但是自然变化总是无常，很多地区防洪标准按照500年一遇来设计，仍然无法完全避免洪灾的产生。美国2011年密西西比河洪灾就是最好的例证。

目前依托计算机技术和地理信息系统（GIS），对洪水的监控和治理有了更进一步的发展。GIS系统可以通过对历年洪水资料、天气资料以及防洪工程的承受能力的总结，结合当前天气情况和水量监控资料，对洪水进行模拟的风险评估。利用数学模型对未来可能发生洪水的风险进行模拟。这样得到的数据可以指导防洪救灾工作，更重要的一点是，利用模拟计算得到的数据，可以分析危险区，引入设计防洪的模型，还能在防洪工程建设规划前对工程能够取得的预期效果进行模拟计算，检验规划合理程度。

我国幅员辽阔，诱发地质灾害的自然地质条件复杂多样，不少地质灾害的形成是由多种因素综合作用的结果。地质灾害频繁发生，危害极大。灾害一旦发生，会进一步破坏人类生存的环境。了解自然灾害中的各种地质灾害的成因、分类、特点、防治与治理，广泛宣传与普及灾害知识、应急管理知识、防灾减灾知识，将提高群众参与应急管理能力与自救能力，对于避免不必要的人员伤亡和财产损失会产生巨大的影响。

3　人类活动诱发的主要地质灾害

各项工程建设日益增多，不断引发或加剧了地质灾害。目前，地质灾害的发生种类、发生频次及危害程度都呈现一种明显增长的趋势，且单纯由自然因素引起的地质灾害越来越少见。越来越多的地质灾害都与人类活动有关，即人类活动诱发了越来越多的地质灾害。其中比较常见的有水土流失、土地沙漠化、地面沉降等。

本章将介绍人类各种工程建设，在不同的地质条件下造成诱发地质灾害的现象，为环境保护和防治地质灾害、保证可持续发展指出了方向，使人类活动与地质环境相协调。

人类一直试图战胜自然、改造自然，在利用和改造自然的同时，也势必被自然给予无情的回击。不尊重自然规律，违背自然规律，过度地开发地球资源，人为地、刻意地、无节制地向地球索取，自然“回馈”人类利益的同时，也留下了惨痛的，甚至是不可逆转的教训。表现为水土流失、土地沙漠化、地面沉降等。

3.1　水土流失

水土流失是指地球表面的土壤及其母质受水力、风力、冻融、重力等外力的作用，在各种自然因素和人为因素的影响下，发生的各种破坏、分离（分散）、搬运（移动）和沉积的现象。其本质是土壤肥力下降，理化性质变劣，土壤利用率降低，生态环境恶化。

水土流失问题是我国重大的环境问题之一。它会极大地破坏农业生产条件，使水资源污染、洪涝和干旱灾害加剧，恶化生态环境，严重制约国家经济社会可持续发展。

3.1.1 水土流失的成因

水土流失是一个全球性的环境问题，造成水土流失产生的主要原因可以概括为自然因素和社会因素两个方面。

（1）造成水土流失的自然因素

气候：所有的气候因子都会对水土流失产生影响，其中暴雨由于雨滴大、降雨动能大、溅蚀力强，形成的径流来势猛、历时短、强度大，是造成严重水土流失的直接动力和主要气候原因。例如我国黄土高原地区降雨集中、强度大、暴雨多，6—9月降水占到全年降水量的60%～70%，径流冲刷和搬运能力强，土壤侵蚀强烈。

河南省处于暖温带和北亚热带地区，属于季风气候区。全省多年平均降水量780毫米，且60%～70%的降水集中在6—9月，径流量占径流总量的47%，降水集中、降水量大、径流量大是造成水土流失的主要因素。

地形地质：地面坡度、坡长、坡型等对水土流失的产生有重要影响。岩石性质影响风化物和土壤类型的形成，同时影响风化物和土壤的抗蚀能力，此外，岩层的倾斜度对水土流失也有影响。

河南省在大地构造上跨华北板块和扬子板块，这样造成全省北部太行山区岩性以石炭岩为主，西部的伏牛山、南部的桐柏山、大别山岩性主要由片麻岩、砂岩、石灰岩等岩层组成，这些岩层长期暴露在空气中易风化破碎，从而易造成水土流失。同时，河南省地表形态复杂，具备山地、丘陵、平原等地貌类型，其中山地丘陵区占总面积的43.8%，其总地势西高东低，沟壑纵横。破碎的地形地貌也易造成水土流失。

植被：植被是控制水土流失的主要因素之一，几乎在任何条件下植被都有阻缓水蚀和风蚀的作用。良好的植被，能够覆盖地面、截持降水、减缓流速、分散流量、过滤淤泥、固结土壤和改良土壤，能减少或防治水土流失。植被一旦遭到破坏，水土流失就会产生和发展（图3-1）。例如，我国的黄土高原大部分地区植被稀少，覆盖度极差，原始天然森林植被已基本不复存在，目前较大的两个林区午岭、六盘山林区面积也仅有2.34万平方千米，缺乏植被覆盖的土地，加大了该地区的土壤侵独。

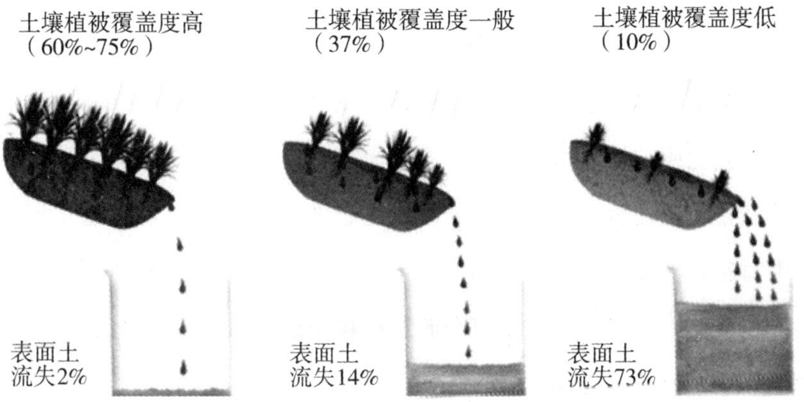

图3-1 土壤植被覆盖度与水土流失的关系示意图

（2）造成水土流失的人为因素

长期以来，人们违背自然规律的不合理活动是诱发和加速该地区水土流失的主要因素。人口增长过快的压力，以及人为破坏，形成了两个难以逆转的恶性循环：一是“越穷越垦、越垦越穷”的恶性循环；二是“越穷积累越少，积累越少越穷”的恶性循环。具体来说影响水土流失的主要人为因素主要有以下几种。

毁坏植被：历史上，我国中东部地区长期处于中国政治经济文化的中心，社会经济发达，人类活动极为频繁，加之连绵不断的战争，对森林、草原植被破坏严重。植被被破坏后，地表毫无蓄水功能，大雨一来，山洪立即暴发，冲刷土壤。现在我国黄土高原的黄土稀疏多孔、黏结力弱，就是因为植被严重遭到破坏而形成的。在雨水长期冲刷下，黄土高原被切割得支离破碎，到处淘壑纵横。

超载放牧：在我国的畜牧业区，长期以来，由于放牧失控，直接影响到草地的覆盖程度，限制了草场资源的再生速度，有时对草场的破坏甚至是毁灭性的，其结果是使草地土壤可侵蚀性减低。

乱挖药材：每年冬季，常有人到滩地和坡麓挖秦艽，到陡坡上挖姜和、黄芪，到干旱草地上挖麻黄等药材，致使草原千疮百孔，小土坑、小土丘星罗棋布，不仅破坏了草场植被，减少其利用面积，而且也会引起风蚀和水土流失。

陡坡开荒：我国是一个历史悠久的农业大国，长期以来生产方式落后，生产力水平低下，许多地区都是广种薄收的生产方式，随着人的增加、地的减少，为了维持基本生活，人们大肆开荒种粮，毁林造田，其结果是区域生态平衡失调，造成生态环境恶化，水土流失加剧。

工程建设：在开发建设项目过程中，开挖土地，扰动地表，破坏植被，造成大面积的地表裸露，引起水土流失；开挖、排弃、堆垫的场地没有采取相应的拦挡、护坡、排水及覆盖措施，造成新开挖的边坡在恶劣天气下大量水土流失；施工过程中对临时的弃土、弃渣没有采取相应的防护措施，造成大量的水土流失。另外还有一些违规的开发建设项目在施工过程中造成大量的水土流失，例如，不合理修筑公路、建厂、挖煤、采石等，破坏了植被，使边坡稳定性降低，特别是在山区、丘陵区进行建设施工，造成大量的高、陡、险边坡未做相应的防护措施，从而造成滑坡、塌方、泥石流等更严重的水土流失。

现代城市的发展：当今，城市水土流失现象也越来越普遍，城市水土流失是在我国改革开放以后的城市化过程中，由于大规模土地开发或基本建设而发生的负面效应所致。

3.1.2 我国的水土流失现状

我国国土面积960万平方千米，地势西高东低，山地、丘陵和高原约占2/3，在总土地面积中，耕地占14%，林地占16.5%，天然草地占29%，难以被农业利用的沙漠、戈壁、冰川、石山和高寒荒漠等占35%。

根据2002年1月水利部公布的《全国第二次水土流失遥感调查成果》，20世纪90年代末，全国水土流失面积356万平方千米，其中受水力侵蚀的水土流失面积165万平方千米，占46%，受风力侵蚀的水土流失面积191万平方千米，占54%。在水蚀和风蚀面积中有26万平方千米的水土流失面积为水蚀、风蚀交错区，占水土流失总面积的7%。

截至2011年，我国水土流失面积为360万平方千米，占国土总面积的

37.5%，其中水蚀面积179万平方千米，风蚀面积188万平方千米；年土壤流失量高达500万吨以上。在部分地区还有进一步加重的趋势，水土流失形势不容乐观。另外，从土壤养分状况来看，我国耕地的有机质含量普遍较低，水田土壤大多在1%~3%，而旱田土壤有机质含量较水田低，小于1%的就占31%；全国耕地中大部分土壤全氮含量都在0.2%以下，缺磷土壤占59.1%，缺钾土壤占22.9%。就南方地区红土壤来讲，土壤养分的缺乏更为严重，耕地普遍缺少有机质和氮素，全部旱田和60%的水田缺磷，耕地中58%缺钾，80%缺硼，64%缺钼，49%缺锌，18%缺镁。其他形式的土壤退化问题也十分严重，如由于污水灌溉和农业农药、化肥的大量施用引起的土壤污染退化、土壤酸化退化，工矿企业的废渣和垃圾挤占大片肥沃耕地造成的土壤退化减少等。

我国的水土流失具有以下几个特点：一是分布范围广、面积大。不论山区、丘陵区、风沙区还是农村、城市、沿海地区，都存在不同程度的水土流失问题。二是侵蚀形式多样，类型复杂。水力侵蚀、风力侵蚀、冻融侵蚀及滑坡、泥石流等重力侵蚀特点各异，相互交错，成因复杂。三是土壤流失严重。我国每年流失的土壤总量达50亿吨。其中长江流域年土壤流失总量就达24亿吨，占全国年土壤流失总量的48%。

3.1.3　水土流失的危害

水土流失对生态环境、生产、生活和社会经济发展都会造成极大的危害。大量的事实说明，水土流失是造成山穷水恶、水旱灾害交替发生的根本原因。

（1）破坏土地资源和地面完整，使土地退化沙化严重

水土流失严重破坏土地资源和地面完整，主要表现在对土壤及其母质的分散、剥离以及搬运和沉积上。由于雨滴击溅、雨水冲刷土壤，把坡面切割得支离破碎，沟壑纵横，使细土变少，沙砾变多，土壤沙化，肥力降低，质地变粗，土层变薄，土壤面积减少，裸岩面积增加，造成耕地面积减少，土地地力下降，生产条件恶化，人地矛盾突出，形成了“越穷越垦、越垦越穷”的恶性循环，加剧了贫穷与水土流失。例如洛阳—驻马店成品油管道工程，该工程在穿越黄土丘陵沟壑区时造成了大量的侵蚀沟。在做前期水土保持监测工作时，对该工程沿线进

行了全面调查，在调查过程中发现，管道沿线由于水土流失造成的地面不完整，损坏了大量的农田；特别是在巩义段，在该段由于梯田较多，特别是由于该段的土壤类型主要为棕壤土和黄棕壤土，该土经过扰动后，在遇到恶劣天气时极易流失。造成的侵蚀沟面积占总面积的10%～15%，最多的地方达21%～24%。

近50年来，我国因水土流失毁掉的耕地达266万公顷，平均每年6万公顷以上，每年流失土壤50亿吨以上，因水土流失造成退化、沙化、碱化草地约100万平方千米，占我国草原总面积的50%。进入20世纪90年代，沙化土地每年扩展2460平方千米。目前，在我国592个贫困县中，山区占496个，全国90%以上的农村贫困人口生活在水土流失严重地区。

（2）制约粮食生产增长，威胁国家粮食安全

我国中部高原带（包括西北、西南高原区）生态脆弱，制约粮食生产增长的因素众多，但最为普遍的问题是水土流失。例如，1986年中部高原带水土流失面积1.1278平方千米，占全国水土流失总面积的2/5，占中部高原土地面积3/10。水土流失面积迅猛扩大，加上其他因素，使本区粮食产量滞长，全国粮食丰收的1996年，全区粮食总产量只比1990年增加36.46%，低于全国粮食增产率57.39%，更低于西北区水平97.57%，粮食单产亦呈相同趋势。另外，还导致长江下游严重洪水灾害，造成巨大的财产、人身损失，仅1998年洪灾损失就达2642亿元人民币。

洛阳—驻马店成品油管道工程，该工程全长425千米，占地总面积为5.64平方千米，该管线主要穿越黄土丘陵沟壑区、冲积平原区，其中黄土丘陵沟壑区长度为189千米，冲积平原区长度为236千米；据《洛阳—驻马店成品油管道工程水土保持监测报告书》可知，由于本项目的建设造成耕地面积减少0.51平方千米，其中黄土丘陵沟壑区造成耕地面积减少为0.4平方千米，占造成总耕地面积减少的79.64%。

水土流失造成耕地营养成分的降低，耕地面积的减少，这样不但使剩余耕地肥力下降，导致耕地产量的下降，影响到当地居民的温饱问题，造成社会的不和谐发展，同时也威胁到国家粮食生产安全，给社会经济的可持续发展造成了不利的影响。

（3）造成生态环境恶化，影响区域气候，加剧灾害发生

水土流失使生态系统遭受严重破坏，生态环境不断恶化，生态功能日益衰退。目前，我国植物种类有289种濒临灭绝，动物种类有近10种基本绝迹，20种处于濒危状态，个别已数量极少、濒临灭迹。

同时，我国是一个自然灾害最为严重的国家之一，其特点是自然灾害种类多、频次高、强度大、影响面广。在我国各类自然灾害中，因水土流失而引起的洪灾为最主要的自然灾害之一。无植物覆盖的土壤结构不够稳定，土壤随水而去，贮水空间就会随之丧失，土壤的蓄水量也因此而减少。从水文角度看，水土流失可增强地表径流的年内变化，使洪水季节水更多，枯水季节水更少。洪水季节，由于山区地面坡度大，无植物覆盖土壤坡面截流能力较差，土壤表层涵水能力低，暴雨强度远远大于土壤入渗速度，降水来不及下渗迅速大量流走，瞬时形成山洪。凶猛的洪水夹杂泥沙倾泻而下，使河流下游人民的生命财产遭受严重损失。近20年长江、黄河、淮河、珠江、松花江等的干流和大小支流连续发生罕见的特大洪涝灾害，严重影响了国民经济的发展和人民生命财产的安全，经济损失巨大。

水土流失也会对区域气候造成不良影响，使暴雨大风、沙尘暴、洪水、高温干旱等极端突发灾害天气事件增多，旱涝交替出现，山洪、滑坡、泥石流等灾害加剧。

（4）水资源可利用率减少，水环境被污染

水土流失，不仅对土地资源造成破坏，而且携带大量养分、重金属、化肥、农药的泥沙随水土流失进入江河湖库，为水体富营养化提供物质，增大水体浊质，污染水体。水土流失也造成水体的稀释自净能力下降，水环境容量减少，水污染速度加快。据研究，水土流失已经成为我国氮、磷、钾污染的主要途径。

在我国的雨季，表层土壤中含有大量有机质及残存的农药、肥料等物质随土壤一起以泥沙形式进入水体，使水体的面源污染加大。水土流失越严重，进入水体的污染物就越多，水污染就越严重。如汾河水库，上游多为黄土丘陵沟壑区，坡耕地及荒山荒坡的水土流失严重，加之水库周边人为活动频繁，水体污染日趋严重。水土流失严重的地方，往往土壤更为贫瘠，农民对化肥、农药的使用量更

大，随水土流失进入水体的各种化学污染物质也更多。

（5）淤积库容和湖泊，降低湖库调蓄和河道行洪能力

由于水土流失使得表层土壤裸露，在水力侵蚀下，大量泥沙随地表径下泄流向塘库、河流，淤积河流水库，造成河床抬高，严重影响行洪能力，降低了水利设施调蓄功能和天然河道的泄洪能力，致使河道变浅变宽，每遇大雨、暴雨，造成河道内洪水漫溢、宣泄不畅、水位上涨。

另一方面，淤积的泥沙侵占了库容，削弱了水库的防洪能力，减少了水库的使用寿命，严重时易造成漫坝、垮坝等灾害。如山西省太原市的汾河水库总库容7.21亿立方米，多年淤积量达3.63亿立方米，淤积量占总库容的一半。淤积的泥沙占用了防洪和兴利库容，降低了水库的防洪标准和供水效益。

据《信阳至南阳高速公路工程水土保持监测报告书》显示，该段高速公路在修建时，在淮河大桥下面，施工方任意堆弃建筑垃圾及土方约1.52万立方米，该土方直接堆弃到河道的滩地甚至河道内，造成直接进入淮河水土流失量5264立方米，使该处泄洪能力明显下降，造成该段河道变窄，洪水位明显抬高，对河道两岸的耕地直接造成了威胁。

（6）严重威胁人民生命财产安全，危害城市的安全

由于地表植被破坏，地表固水保土的能力急剧降低，导致每逢暴雨，汇流时间较短，洪水直泄而下，冲毁农田、水利工程、村庄房屋，中断交通，危害人民生命财产安全。

同时，随着经济建设的飞速发展，城市化建设日新月异，而城市化建设带来的严重水土流失问题亦摆在了我们面前，已成为城市现代化建设的一个重要问题。例如建在风沙区的榆林城，曾因风沙三迁城址；建在长江峡谷的湖北三峡某县城，因滑坡也三迁城址。

3.1.4 水土流失的防治对策

历史和科学告诉我们，优化生态环境必须与水土保持紧密配合，水土保持必须遵循自然规律。坚持山水田林路统一规划，集中治理、综合治理、连续治理、开发利用，坚持工程措施、生态效益、社会效益和经济效益统筹兼顾，这样形成

的综合防护体系，才是治理水土保持和改善生态环境的根本大计，才能发挥保水保土的作用；保持水土资源，优化生态环境，改变山区贫困面貌，走共同富裕之路，达到山川秀美的效果。

（1）制定、完善我国水土保持政策及相关法律法规，加大执法力度

我国各个地区的水利及水土保持部门必须加强对水土保持问题的研究，制定出积极有效的水土保持政策，将水土保持的法律法规不断地推进深化。就目前来看，各级水利及水土保持部门应该将《水土保持法》这项法律法规的修订工作抓好，将管理体制理顺，不断地强化各级行政部门的监管职责，通过对有关水土保持的各项规定的制定以及完善，将我国水土保持工作迅速地推展开来。

要加大执法力度，一是遵循自然规律，广泛宣传《水土保持法》《防洪法》《环境保护法》《水污染防治法》《水法》《森林法》《土地法》《草原法》等法律，加快《生态保持法》等法律的制定，不断提高全民的法制观念，形成全社会自觉保护环境、美化环境的强大舆论。二是全社会重视，逐步健全以若干法律为基础，各种行政法规相配套的法律体系，严格执法，强化法律监督，依法打击各种违法犯罪行为。三是建立一支素质和业务过硬的队伍。四是落实水土保持方案的审批权、监督权、检查权，水土保持监督执法涉及部门很多，特别是与农林业、土管、地矿、物价等部门关系密切。

（2）坚持自然恢复和人工恢复并举，充分发挥大自然的生态修复能力

保持水土的重大措施之一就是充分地发挥出生态环境的自我修复能力。要坚持人与自然和谐的科学发展观，既要积极开展综合治理，更要注重充分发挥生态的自我修复能力，依靠大自然力量，加快植被恢复和生态系统改善。要按照我国水土流失的类型、分布、成因，以及不同地域的自然状况和经济社会条件，根据《全国生态环境建设规划》等相关规划和生态自我修复的规律，编制全国水土保持生态修复规划，明确生态修复的目标、任务与措施，把小流域治理、坡面水系整治等措施同生态自然修复有机结合起来（图3－2）。

生态环境的自我修复，不仅有利于生态环境的改善、植被的恢复，而且有助于水土流失的防治。发挥生态环境修复能力的方法有：①不断地调动起人民投入水土保持、生态环境修复的主动性和积极性；②加强水土保持与生态环境修复的

宣传工作，提高人民群众的认识，不断地教育干部及管理人员转变思想观念，坚持走可持续发展的路线；③加强效益的评价及监测工作，建立起能够真实地反映出生态环境的体系，为生态环境的修复提供合理且科学的理论依据；④概括不同水土流失地区生态环境修复的方法及成果，探索出生态环境修复的有效措施，并积累大量的生态环境修复的相关经验。

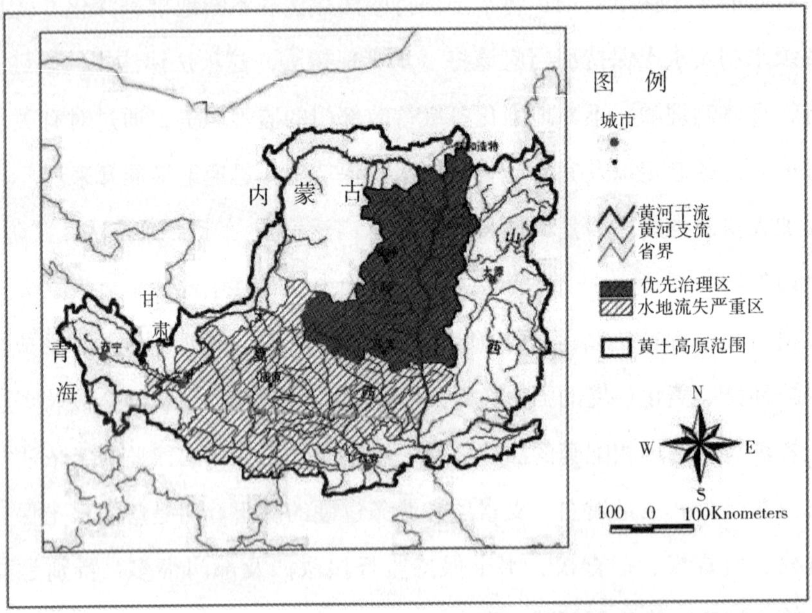

图 3－2　黄土高原水土流失优先治理区位置图

(3) 大力兴建具有拦蓄功能的水利水保工程，提高防洪综合能力

大力兴建具有拦蓄功能的水利水保工程，包括拦沙坝和蓄水池等。根据“蓄泄兼筹，以泄为主”的综合治理方针，建立统一的建设规划，分步实施。通过修水坝、堤防，进行水道整治，修建分洪道，进行水土保持工作，采用蓄泄兼顾的办法防治洪灾。进行河道整治，河道整治措施一般包括加固加高河堤、疏浚河道、疏导主河道、修建导流堤等工程措施。

扩大江河湖泊拦蓄洪水的能力。坚持贯彻落实党和政府关于灾后江河综合整治的有关政策，对大江大河中下游干堤之间及湖泊中的圩垸进行分类处理。应采取“平垸防洪，退田还湖，以工代赈，移民建镇”的措施，扩大河道、湖泊行蓄洪水的能力，保证人民群众生命财产的安全。

例如，广西“珠治”试点工程实践表明，在流域内修建拦沙坝能起到阻拦径流泥沙、稳定破碎山体的作用。“珠治”试点工程广西项目区包括百色市的西林、隆林两个县的11个乡镇的38个行政村，土地总面积256.35平方千米，其中水土流失面积171.1平方千米。从2003年12月实施以来，已先后对西林县龙英、渭涞、八阳、渭芒、普驮和隆林县的弄桑、常么、播立、北楼、南务及猪场等11条小流域实施了综合治理。“珠治”工程的实施，使该地区小流域内微地形发生了改变，拦截和调蓄径流的能力有了很大提高，流失的泥沙量也在逐年减少。

维修加固山区山塘、水库也是加强水土保持的一项重要措施。山塘、水库能起到拦截泥沙和径流的作用，能防止带有大量泥沙的径流进入江河、湖泊。

（4）增强保水保土意识

水是生命之源，土是立国之本，水土资源是人类赖以生存的基础，是兴国安邦、富国富民的基础，水土保持是实现可持续发展的基础。水土流失不光是一个生态问题，同时对社会的发展有巨大的制约作用。水土流失恶性循环局面的加剧，使贫困问题越来越突出，由此看来，水土的保持工作和人类的日常活动有着极其密切的关系，做好水土保持工作是解决我国生态问题的关键环节。所以，首先应该加强各级管理部门的水土保持意识，充分明确防洪防灾和水土保持的重要作用，严抓水土保持工作，层层落实水土保持工作。然后需要的是各级部门的积极配合。水土保持是系统性的工作，这就要求各级单位及各级管理部门携起手来，参与到水土保持的工作当中，承担起监督、检查、规划及技术指导等各项职责。除此之外，应该在水土保持受益的区域开展各类建设工程及经济开发工作，按照合理的比例给予水土保持补偿，采取“谁破坏，谁治理”的措施，以稳定水土保持政策。

3.2 土地沙漠化

土地沙漠化是干旱区、半干旱区和某些半湿润地区生态系统的贫瘠化，是由于人的活动和干旱共同影响的结果。土地沙漠化的严重后果众所周知，它对风沙区的自然资源、生产建设和人民生活造成了严重影响。

近年来，土地沙漠化成为全球最重要的生态环境问题之一，已对人类的生存和发展构成了严重的威胁。目前，全球土地沙漠化面积以每年 6 万平方千米的速度增加。土地沙漠化正影响着世界上 3600 万平方千米的土地（占地球陆地总面积的 25%）。每年消失的土地可生产 2000 万吨的粮食，威胁着大约 100 个国家的 10 亿多人的生活；每年由于土地沙漠化和土地退化造成的经济损失达到 420 亿美元之多。

3.2.1　我国土地沙漠化的现状

我国是世界上沙漠化危害严重的国家之一，一半以上的国土处于干旱、半干旱地区。

（1）我国土地沙漠化的分布

沙化土地主要分布在西北、华北和东北西部。从行政区域来看，我国沙漠化土地分布范围十分广阔，包括北京、天津、河北、山西、内蒙古、辽宁、吉林、山东、河南、海南、四川、云南、西藏、陕西、甘肃、青海、宁夏、新疆等 18 个省（自治区、直辖市）的 508 个县（旗、区），主要分布在新疆、内蒙古、西藏、甘肃、青海 5 省（自治区），面积分别为 107. 12 万、61. 77 万、43. 27 万、19. 21 万、19. 14 万平方千米，5 省（自治区）荒漠化土地面积占全国荒漠土地总面积的 95. 48%；其余 13 省（自治区、直辖市）占 4. 52%（图 3－3）。

我国沙化土地面积仍在不断扩大。目前，我国每年土地沙化扩展面积已从 20 世纪 70 年代的 1560 平方千米，增加到 80 年代的 2100 平方千米和 90 年代的 2460 多平方千米，相当于一年损失一个中等县的土地面积。内蒙古阿拉善、新疆塔里木河下游、青海柴达木盆地东南部、河北坝上等地区，沙化土地年均扩展速度达 4% 以上。

（2）我国土地沙漠化的类型

我国土地沙漠化分布的广阔性及分布区的自然环境、气候多样性，决定了我国沙漠化土地类型的多样性，土地沙漠化类型包括风蚀沙漠化、水蚀沙漠化、盐渍化、冻融沙漠化等。其中风蚀沙漠化土地面积 183. 20 万平方千米，占沙漠化土地总面积的 69. 82%；水蚀沙漠化土地面积 25. 52 万平方千米，占 9. 73%；盐

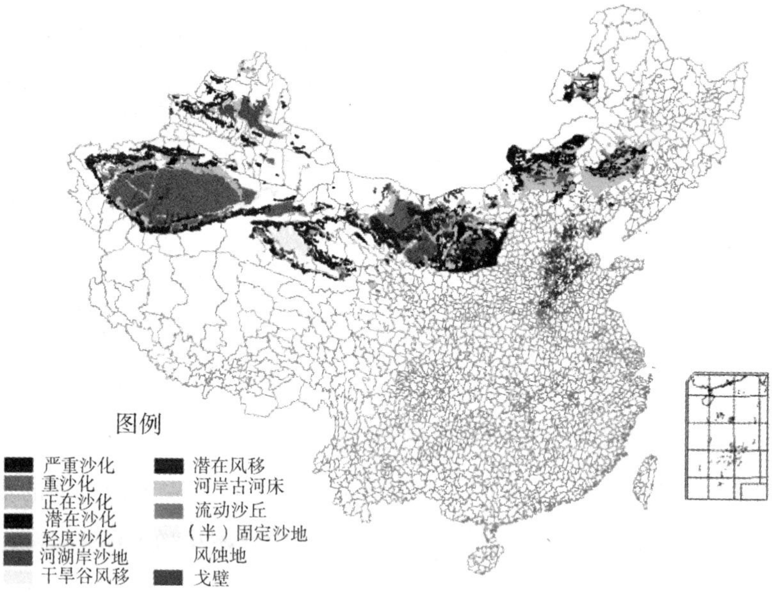

图 3－3 中国沙漠化土地分布图

渍化土地面积 17.30 万平方千米，占 6.59%；冻融沙漠化土地面积 36.35 万平方千米，占 13.86%。

3.2.2 土地沙漠化的成因

导致土地沙漠化的原因是多方面的，既有全球气候变化的自然因素，又有不合理的人为活动的因素，但主要是后者。

（1）自然原因

1）气候因素：现代气候变化对荒漠化的影响是一个缓慢而渐进的过程，主要是通过气候变化对旱地土壤、植被、水文循环的影响，使沙漠化发展速度和强度发生变化，特别是气候要素（气温、降水、风等）中的降水变化起关键作用。例如，塔里木河下游属温带极端干旱气候，降水稀少，风多风大，沙源丰富，沙尘暴频繁，这是促使沙质荒漠化（沙漠化）发生和发展的自然动力。一般认为，当气候变干冷时，沙漠的范围就扩展，固定沙丘就向流动沙区发展；气候变湿热时，沙漠就收缩或固定，这种变化时间尺度及幅度都较大。沙漠化的发展和逆转则表现在相同的气候条件下，且时间也较短。

2）土壤因素：土壤结构疏松是沙漠化土地形成的物质基础，沙丘的形成除外来的沙尘因素外，最重要的是土体结构的疏松。在干旱少雨，植被覆盖度低，风力强暴的状况下极易形成扬沙天气，将细尘扬在高空，粗砂推移。时而复之形成了沙漠化土地，被侵蚀的地表逐渐形成沙源。

（2）人类活动原因

近代，随着科学技术水平的不断进步，人类干预自然的能力得到了前所未有的增强，人类活动已经成为引起各类沙漠化的最主要原因。也就是说，原来非沙漠化的土地演变成沙漠，这是潜在沙漠化土地“就地起沙”的结果。所谓潜在沙漠化土地，主要是指植被生长较好，基本无风沙流动的土地。这些土地一旦失去水分的保养和植被保护，特别是受人为活动影响，将导致风蚀流沙的形成。因此，在自然因素的基础上叠加的人类活动，加快了沙漠化的进程。

在半干旱、干旱地区尤其是半干旱草原区与干旱区的天然绿洲的土地沙漠化过程中，人类活动的影响远远大于自然因素，主要表现在以下几个方面。

1）过度放牧：我国的畜牧区人口密度小，农业收入较低，畜牧业是当地群众经济来源的主要途径之一，当地群众为了增加收入，加快了畜牧业的发展速度。由于载畜量的加重，农民过度的放牧，牲畜的频繁啃食与践踏，致使林草地的保存面积逐渐缩小，沙化土地面积逐渐扩大。我国沙区草场牲畜超载率为50%～120%，有些地方甚至高达300%。超载放牧使草场大面积退化、沙化。内蒙古草原牧草平均高度由20世纪70年代的70厘米下降到目前的25厘米，昔日“风吹草低见牛羊”的地方，变成了“老鼠跑过现脊梁”。

2）过度采伐：无组织、不科学地采伐，造成植被破坏，形成沙漠化。植被一旦被破坏就会形成恶性循环，恢复起来是十分困难的一件事。滥伐林木使大量最宝贵的荒漠植被遭到破坏。例如，青海柴达木盆地原有固沙植被2万多平方千米，到20世纪80年代中期因滥伐造成植被破坏，使大面积的土地沙化。内蒙古吉兰泰镇20世纪70年代以来因当地居民乱砍滥伐，使盐湖西700平方千米天然林减少到200平方千米左右。由于缺少植被保护，我国最大的湖盐生产基地——吉兰泰盐场，已有一半以上被流沙埋没。

沙区滥采中药材、搂发菜，以及无序采矿、工程建设的问题十分突出，使大量植被破坏，直接导致土地沙化。1994 年甘肃省沙区因挖甘草破坏草场 667 平方千米以上。每年进入内蒙古自治区阿拉善盟搂发菜的农牧民就达 10 万余人，全区近几年因搂发菜破坏草原面积达 13 万平方千米，其中 4 万平方千米已经沙化。陕西榆林地区煤田开发一项，就使 200 平方千米土地沙化。

3）滥用水资源：我国部分地区目前仍沿用大水漫灌的落后灌溉方式，既浪费水资源，又造成土地盐渍化。据内蒙古、陕西、甘肃、宁夏、青海、新疆六省区统计，已有 25 万亿平方千米土地盐渍化，特别是对水资源的开发利用缺乏有效的管理，致使上游用水过度，下游水量减少，大面积农田被迫撂荒，形成土地沙化。新疆塔里木河流域由于 20 世纪 50 年代以来上游不断超量采水，使进入巴州境内河水锐减，下游 270 千米河道断流，造成 3533 平方千米胡杨林枯死，167 平方千米农田被迫弃耕，667 平方千米草场退化。

3.2.3 土地沙漠化的危害

土地的不断退化使生态环境恶化加剧，还导致土地的承载力下降，也对周边地区的社会经济生活产生深远的影响。例如，我国的西北、华北地区，春季发生扬沙、沙尘暴天气十分普遍，危害波及的范围广，破坏性强。

有资料表明，土地沙化正急剧缩减着我们可以有效利用的国土。许多地方因沙漠化趋势导致土地退化、土壤结构破坏、土壤养分流失。而土壤肥力的自然恢复需要数十年、数百年，甚至数千年时间。如果用人为措施恢复土壤的肥力，需要的投入量难以计算。从当前的情况看，土地沙漠化仍在不断地扩张，并且扩张的速度也在逐年增长。其主要分布在我国北方的半干旱地带的农牧交错区、干旱地带绿洲边缘及内陆河下游地区、半干旱地带波状沙质草原区。土地沙化对我国的社会经济发展造成了严重的影响，已经成为我国的一大难题。

沙漠化对农业的危害特别大，尤其在风沙危害严重的地区，粮食产量长期低而不稳。每年 4—5 月正是春播季节，在沙漠化地区，往往是种子和肥料被吹走，幼苗被连根拔出，土壤水分散失，禾苗被吹干致死或被掩埋。有的地方要反复补救，甚至误了农时。沙漠化引起的草场退化，使适于牲畜食用的优势草种逐渐减少，甚至完全丧失。牧草变得低矮、稀疏，产量明显降低，草场载畜能力大为下降。沙漠化造成河流、水库、水渠堵塞。黄河年均输沙16亿吨，其中就有12亿吨来自沙漠化地区。全国每年大约有5万多千米的灌渠常年受风沙危害。沙漠化在一些地区造成铁路路基、桥梁、涵洞损坏，使公路路基、路面积沙，迫使公路交通中断，甚至使公路废弃。沙漠化导致的沙尘天气，影响飞机正常起飞和降落。风沙活动破坏通信、输电线路等设施，由此产生的灾害威胁居民安全。

根据监测，我国城市空气污染物主要是微小颗粒物，这与沙漠化密切相关。沙尘污染着广大地区人民的生产生活环境，影响了人民健康。土地的沙化给大风起沙制造了物质源泉。因此，中国北方地区沙尘暴（强沙尘暴俗称“黑风”，因为进入沙尘暴之中常伸手不见五指）发生越来越频繁，且强度大，范围广。例如，1993年5月5日新疆、甘肃、宁夏先后发生强沙尘暴，造成116人死亡或失踪，264人受伤，损失牲畜几万头，农作物受灾面积3370平方千米，直接经济损失5.4亿元。1998年4月15—21日，自西向东发生了一场席卷中国干旱、半干旱和亚湿润地区的强沙尘暴，途经新疆、甘肃、宁夏、陕西、内蒙古、河北和山西西部。4月16日飘浮在高空的尘土在京津和长江下游以北地区沉降，形成大面积浮尘天气。其中北京、济南等地因浮尘与降水云系相遇，于是“泥雨”从天而降。宁夏银川因连续下沙子，飞机停飞，人们连呼吸都觉得困难（图3-4）。

沙漠化还加深了贫困程度，扩大了地区差距。据调查，全国农村人口的1/4生活在沙漠化地区，其人均农业产值仅为全国平均水平的34.2%，是东部地区的1/5。沙漠化地区贫困程度加剧，发展差距扩大，有的地方已经喊出“要生存就要治沙”的口号。

3.2.4 土地沙漠化的治理

（1）防风固沙

沙漠中的沙是松散堆积的，受风力的影响，沙丘会沿着风的方向运移，使得沙漠能进一步扩张，防风固沙就是使沙漠能够在原地固定沉积下来。通常使用的方法是在沙丘上设置沙障，在沙丘上覆盖一些致密膜状物或植防护林沙障，主要有草方格沙障、黏土沙障、篱笆沙障、立式沙障、平铺沙障等。草方格沙障使用麦草、稻草、芦苇等材料，在流动沙丘上扎成挡风墙，以削弱风力的侵蚀，同时

图 3－4 人们在沙尘暴天气里艰难行走

有截留降雨的作用，能提高沙层的含水量，有利于沙生植物的生长。黏土沙障是将黏土在沙丘上堆成高 20～30 米的土埂，间距 1～2 米，走向与风向垂直。黏土固沙施工简单，固沙效果较好，且具有良好的保水能力，但需要大量的黏土。

在沙面上覆盖致密物是应用较广泛的固沙方法。以色列尝试了一种塑料薄膜固沙法，即将塑料薄膜覆盖在沙漠上，并用石头等重物压住。这种方法可有效防止水散失，但缺点却是塑料薄膜易被风刮起，使其丧失固沙和保水功能，同时造成二次污染。也有采用水泥浆固沙的方法，即将水泥浆浇在沙上，在沙漠表面形成一层薄的水泥凝胶体覆盖层。但这种方法存在缺陷，水泥凝胶体属于脆性材料，在沙漠中恶劣气候和沙丘迁移的影响下，水泥凝胶覆盖层很快就发生龟裂，失去固沙和保水的作用，最后变成粉体，融入沙中。

利用废塑料治理沙漠可有效固沙和保水。利用简单工艺将废塑料改性成为固沙胶结材料，然后在所种植物周围的沙表面喷洒一层固沙胶结材料，15～20 分钟后固沙胶结材料就将表层沙胶结在一起，形成黏性固沙层。固沙层为柔性，很难开裂，且固沙层由固沙胶结材料与表层沙紧密黏结，重量较大，大风也很难将其刮起。

以上都属于工程治理，是临时性防沙措施，仅仅起到固沙的作用，若要改善沙漠土壤还必须采取植物治理的措施。

（2）植物治理

沙漠植物治理指在沙漠地区播种沙生植物，以阻止沙漠扩张，改善沙漠土地。沙生植物具有水分蒸腾少，机械组织、输导组织发达等特点，可抵抗狂风袭击，并尽快将水分和养料输送到急需的器官，其细胞内经常保持较高的渗透压（一般可达40~60个大气压），具有很强的持续吸水能力，使植物不易失水，能够适应干旱少雨的环境。一般先播种草本沙生植物，主要有禾本科、莎草科、十字花科、蝶形花科、百合科、伞形科等，其种类相当丰富。待这些草本沙生植物生长繁茂后，在水分充足的前提下，可以种植一些沙生灌木和高大的沙生乔木，一般选择松类、杨树类、柳树类、柽柳类。

其治理的方法，一是在沙漠地区有计划地栽培沙生植物，造固沙林。一般是在沙丘迎风坡上种植低矮的灌木或草本植物，固住松散的沙粒，在背风坡的低洼地上种植高大的树木，阻止沙丘移动；另一个方法是在沙漠边缘地带造防风林，以削弱沙漠地区的风力，阻止沙漠扩张。防风林的效果与林带的高度有关，树木越高大，防风效果越好。

此外，还与树木的疏密结构和透风性能有关。其类型有三种：一是紧密结构林带，气流在林带顶部通过，背风处下沉，在林带周围形成涡流，气流在背风面40倍林高处恢复原来的风速。二是疏透结构林带，气流一部分越过林带的顶部，一部分从林内通过，在距离高一倍的地方形成涡流，在距离45倍林高的地方，风才恢复到旷野的速度。三是通风结构林带，林带上部树冠稠密，基本不透风，气流只能从林带顶部流过，下部气流通过树干时收缩形成小股涡流抵制上部气流袭击林带背风处，在距林带5~7倍林高的地方形成涡流，防风能力更强。

（3）合理利用水资源

利用水资源是土地沙漠化治理的过程中十分重要的方法，沙漠区域的降水量不稳定，湿润年份降水量多，而干暖年份的降水量较少。沙漠地下水较稳定，其沙层厚，具有一定的“隔热”性，使水得以在地下保存。但这种稳定是相对的，受到降水的制约。要解决水资源的问题，就要从汲水、输水、节水灌溉三个方面去研究。

汲水的方式有：地下井汲水工程、坎儿井。在古湖泊或地下水发育的沙漠区域可以建立地下井。坎儿井是井渠相连的汲水工程，由地表开挖许多竖井，挖到含水层，形成地下渠道。

我国农业进行灌溉的主要方式为渠道引水、管道输水两种方式。渠道引水是我国农业进行灌溉的主要方式，目前全国渠系水的利用系数为30% ~40%。管道输水可减少水资源在输送过程中的蒸发和流失，其输水损失率仅为20% ~30%，且输送量大。

节水灌溉技术主要包括喷灌和微灌技术，喷灌技术被大量用于沙地的灌溉，喷洒的均匀度一般与风速的大小有关。微灌是按照植物的需水要求，将水和作物生长所需的养分以较小的流量，准确地输送到作物根部附近的土壤表面或土层中。微灌具有很多优点，灌水均匀、节约了抽水的能量、省力方便、工作压力比喷灌低。

(4) 以科学发展观为指导，加大治理的力度

树立科学发展观，统筹东部和西部地区的协调发展，才能减少对环境的污染，达到资源配置的最优化，从而实现经济和环境的可持续发展。我们必须转变观念，清醒地认识到，经济利益和社会利益是一致的，因此，在土地的沙漠化治理过程中必须符合科学发展观的要求，生态资源生产要素要遵循价值规律在市场上自由流转。

(5) 注重科研成果的转化，实施科学管理

科学技术是第一生产力。沙区的科技工作者与广大群众一起为治沙做出了很大的贡献，治沙研究方面也取得了较大的成就。但是，我们必须看到科研成果的转化率不到15%，而且15%的转化率也不能起到较好的效益。因此，要提高科技含量，把科研成果直接与生产中的实际问题相结合，使科学技术真正发挥其第一生产力的作用。为了天更蓝、水更清的生存环境，把沙区变成绿洲，让我们的家园更美好，让我们生活更幸福。

3.3 地面沉降

地面沉降指在自然因素和人为因素影响下形成的地面垂直下降现象。自然因素主要有构造升降运动及地震、火山活动等。人为因素主要是地下水、石油、天然气等的开采及局部性荷载。

3.3.1 地面沉降的现状

地面沉降是近年来世界上许多城市出现的重要的地质灾害之一，发生范围大且不易察觉，又多发生在经济活跃的大中城市，已成为一种世界性环境公害。据统计，目前世界上已有60多个国家和地区发生地面沉降，包括美国、中国、日本、墨西哥、意大利、泰国、英国、俄罗斯、委内瑞拉、荷兰、越南、匈牙利、德国、印度尼西亚、新西兰、比利时、南非等。

现有文献资料表明，最早记录地面沉降现象的时间是1891年，地点在中美洲的墨西哥城。但当时由于地面沉降量不大，危害也不明显，所以没有引起人们的重视。目前最大累计沉降量超过7.5米，有的地区甚至超过15米。20世纪意大利的Ravenna地区发生了大面积的地面沉降。起初沉降不大，每年数毫米；第二次世界大战后，由于过度抽取地下水，沉降速度剧增为每年110毫米。

美国最早于1922年在加州萨克拉门托San Joaquin流域发现沉降，1920—1969年地下水位下降达137米，累积地面沉降达2.6米，影响范围9100平方千米。至20世纪70年代初期，美国已有37个州因开采地下流体而产生不同程度的地面沉降现象；至1995年，美国50个州均有地面沉降发生，由此造成的经济损失更是惊人。仅在美国圣克拉拉山谷，由地面沉降所造成的直接经济损失，在1979年大约为1.31亿美元，而到了1998年则高达3亿美元。最强烈的地面沉降发生于美国长滩市威尔明顿油田，其最大累积沉降量达9米。

日本最早于1898年在新泻发生地面沉降，在1958年地面沉降速率上升，1952—1956年新泻是日本地面沉降最严重的地区。产生严重地面沉降的城市或地区还有东京、大阪和佐贺县平原，还包括名古屋、川崎、山口、尼崎及西宫等。

日本国土的70%是山地和丘陵，除此之外可供人居住的台地和平原加起来一共占25%，几乎所有的人口都聚集在这25% 的土地上。对地下水的长期强制性开采导致了地面下沉问题日趋严重。据日本环境科学省的官员介绍，日本29个都、道、府、县中，已有61个地区发现地面沉降，沉降面积超过日本可居住面积的12%，1100多平方千米地面标高处于海平面以下。

自20世纪50年代以来，地面沉降已成为我国城市发展中的重大地质灾害之一，国土资源部已将它列为地质灾害危害性评估的三大灾害之一。我国对地下水开采引起地面沉降的研究始于20世纪60年代上海市地面沉降的研究。上海市的地面沉降1921—1965年处于一个发展期，当时中心城区地面下沉达1.76米，最大沉降量2.63米（北京路、西藏路），地面标高已低于黄浦江高潮水位2米左右。1965年以来，经过采取压缩地下水的开采量、进行人工回灌等措施，地下沉降逐步得到控制。但自从20世纪80年代以来，随着城市建设的加速发展，地面沉降已波及50多个城市，其中包括了滨海平原及河流三角洲地区的城市，如上海、天津、沧州、宁波、嘉兴、湛江、海口、台北、基隆等；东部近海冲积平原，如长江下游的苏州、无锡、常州，黄淮海平原的北京、德州、沧州、郑州、阜阳、菏泽、邯郸等，松辽平原的沈阳、哈尔滨、佳木斯等；以及一些内陆盆地城市，如西安、太原、大同、包头等。

3.3.2 发生地面沉降的原因

发生地面沉降的原因可分为自然原因和人为原因两种。自然原因包括地质构造运动、冻土等非人为的因素。地质构造运动造成的地面沉降，体现在有的大区域地带，不断隆起上升，而邻近地区则相对沉降，这样经历几十万年至几百万年，就出现了高山与沉降盆地。自然界中还有一种地面沉降，是沉积物露出海水面、河湖水面后，由于受自重压缩及日晒、蒸发等影响，使土砂层等松散沉积物产生自身形变，并在固化成岩过程中，产生相对地面沉降现象。如在1998年长江流域发生大洪水时洞庭湖遭受很大损失，一方面发生构造上的沉降现象，另一方面又受淤积影响，使湖底升高，加之围湖造田，使洞庭湖不能更好地调蓄洪水，也降低了抗旱能力。

目前，人们所关心的地面沉降，主要是人类活动引起的地面沉降，包括开发利用地下流体资源（地下水、石油、天然气等）、开采固体矿产、在软土地区上的工程建设引起的固结沉降等。国内外绝大多数地面沉降主要是由不合理开采地下水资源所致。人为因素的作用成为众多城市沉降的主要原因，这个问题已经具有世界性的普遍意义。人类活动加剧地面沉降，主要表现在以下几个方面：

（1）大量开采地下水、地下水溶性气体或石油等活动，是被公认为人类活动中造成大幅度、急剧地面沉降的最主要原因。

（2）开采地下固体矿藏特别是沉积矿，如煤矿、铁矿，形成了大面积的地下采空区，导致地面变形、下沉。

（3）重大的工程建筑物对地基施加的高荷载，使地基土体发生变形。

（4）即使是在低荷载的持续作用下，土体的蠕变也可引起地基土的缓慢变形。地面上的动荷载（振动作用）在一定条件下也将引起土体的变形。

3.3.3 地面沉降的类型

（1）按照发生地面沉降的地质环境分类

1）现代冲积平原类型，如我国的几大平原。

2）三角洲平原类型，尤其是在现代冲积三角洲平原地区，如长江三角洲就属于这种类型。常州、无锡、苏州的地面沉降均发生在这种地质环境中。

3）断陷盆地类型，又可分为近海式和内陆式两类。近海式指滨海平原，如宁波；内陆式为湖冲积平原，如西安市、大同市的地面沉降。

（2）按照地面沉降发生的原因分类

1）抽汲地下水引起的地面沉降。

2）采掘固体矿产引起的地面沉降。

3）开采石油、天然气引起的地面沉降。

4）抽汲卤水引起的地面沉降。

（3）按照我国地质灾害防治和工程实践的实际情况分类

1）区域性地面沉降。这类地面沉降通常涉及的范围很大，具区域性特征，按成因主要可分为：① 区域性构造变动引起的地面沉降；② 海面升降引起的地面沉降；③ 地震引起的地面沉降；④ 地下水（油、气）开采引起的地面沉降。上述区域性地面沉降中，前三者主要与自然因素有关，后者主要与人类工程活动有关。它们之间往往可有不同的组合方式。

2）岩溶塌陷地面沉降。

3）地下采空区塌陷地面沉降。

由于区域性地面沉降及与其相联系的地裂缝波及的面积大，所以危害性更大，是世界各国尤为关注的问题。

3.3.4 地面沉降的危害

地面沉降给工农业生产、交通运输、城市建设和人民经济生活造成了危害，使城市环境明显恶化，对农村农田的影响也较大，特别是对我国东部地区的经济建设及其生态环境均造成很大影响。由于沿海地区地面较低，地面沉降将会进一步丧失地面标高。地面沉降还导致地面开裂、地下井管变形、防洪工程功能降低、国家测量标志失效、下水道排水不畅、桥梁净空减少、水质恶化等；地面建筑，如高楼、公路、铁道、码头、机场等也都会受到不同程度的影响；温室效应已导致海平面上升，如果与地面沉降相叠加，那么沿海大片低地将被海水所淹没。地面沉降的具体危害表现如下：

（1）地面沉降将造成雨季地表积水，使沉降城市普遍存在较为严重的滞洪积水问题，不仅影响了城市的交通和环境，而且常使地下室和低层建筑物在汛期被水浸没，造成经济损失。地面沉降降低城市排污能力，不断扩大防洪面积，加大了相关防洪工程的资金投入，而农田低洼地区则会洪涝积水，农作物减产。特别是在滨海地区，地面沉降活动使陆地地面下降，海平面相对上升，导致海水侵袭和风暴潮灾害加剧。与此同时，滨岸防潮堤不但大幅度沉降，且发生局部开裂，防御能力降低。风暴潮灾害也日益严重，不但潮位越来越高，而且高潮频次也不断增加，风暴潮造成的损失愈来愈大。

（2）地面沉降引起的地裂缝加剧建筑物的破坏程度，同时往往可成为地面污染源渗入地下水源的通道，造成水质污染，而且常常可成为地下深部有害气体逸出地面的通道，对人体健康危害极为严重。

(3) 城市地下管网受到破坏。不均匀地面沉降会使埋藏于地下的煤气管、排水管、电线光缆等管线弯曲变形，甚至破裂。轻者“滴、漏、冒”引起停水、停电、通信中断等事件，重者将造成所输送能源的浪费和地下水的污染，直接影响市民生活及工业生产，给当地人民的生命财产安全造成巨大威胁。上海市就曾发生地面沉降折断大口径煤气管导致煤气泄漏事故。

(4) 地面沉降造成房屋和桥梁开裂、倾斜、下沉、倒塌（图3－5），道路凹凸不平或开裂，尤其使铁路交通安全受到威胁。苏锡常地区就曾因地面沉降造成1343栋房屋损坏，不仅造成了3.89亿元的经济损失，房屋建筑开裂还加剧了本区的地震灾害。天津市塘沽海门大桥两端更是曾经因为地面沉降而相差135毫米，引发桥错裂。

图3－5　地面沉降使一房屋下沉

(5) 铁路安全受到威胁。地面沉降造成铁路路基不均匀下沉，铁路安全受到威胁。如京沪铁路从沧州市沉降中心穿过，由于铁路路基下沉，在沧州市地面沉降中心地段，路基碎石垫层已加厚了500毫米，不仅造成经济损失而且影响铁路安全运行。地面沉降的发展也给未来的高速铁路的建设和运营带来不利影响。

(6) 河床下沉，河道防洪排涝能力降低，影响南水北调等引水工程安全；桥下净空变小影响泄洪和航运。苏州平门大桥和上海苏州河上的一些桥梁就因为地面沉降，而使通航能力受到了一定的影响。

地面沉降对本来就低洼的沿海地区所产生的负效应和危害表现为降低了泄洪功能和抵御洪涝灾害的能力，大幅度增加了低洼湿地面积，使耕地沼泽化，恶化了生态环境。为防止河水外溢，沉降区河岸一再加高，使河床相对抬高，形成地上悬河，而且拦河堤坝等防洪设施因沉降而发生破坏，造成城市御洪能力下降，出现严重的水患威胁，其危害将是巨大的。同时地面沉降造成河床下沉，影响引水工程的正常运行，特别是南水北调工程的安全。例如南运河从沧州市横穿而过，是引黄入津的通道，也是南水北调东线的经由之路，由于地面沉降，造成河床下沉，其过水能力锐减，原设计流量为 120 米^3/秒，现在已不及原设计能力的 1/2。这给引黄入津和南水北调东线工程带来不利影响。而且地面沉降造成桥梁错断、桥下净空减小等，严重影响了运河航运和交通安全。

（7）地面沉降使浅层地下水位变浅，破坏地下含水层结构，引发一系列环境问题。城市地下水位大面积大幅度降落，改变了地质体的热容量，可能会造成热岛现象破坏原有生态环境。在滨海地区，地面沉降活动使陆地地面高度下降，海平面相对上升，海水入侵，浅层地下水位变浅，水质恶化。海水倒灌海岸线向内陆迁移，滨海平原潜水位相对升高，使土壤盐渍化、沼泽化增强，同时扰乱地表径流，进一步加剧海水入侵灾害。而这些因素又会使地下的建筑设施腐蚀化速度加快，增加了城市的建设成本。

（8）地面高度资料大范围失效。地面沉降还导致观测和测量标志失效，地面高度资料是国民经济建设和发展的重要基础资料，在水文、地震、环保、地质、市政建设等行业广泛利用，且必不可少，而大范围的高度损失及其不均衡动态变化，给相关工作带来严重的影响和干扰，如使河流水位、海洋潮位、地形高度失真，给城市规划和建设造成困难，也加大了相关工作的经费投入。另外，大范围的高度损失及其不均衡动态变化，将导致城市规划失真，给城市埋下不可预见的隐患和造成巨大的经济损失。

（9）油田油水井套管上窜影响油田的正常开发。由于地面沉降，大港、华北油田油水井发生了套管相对上窜现象，其中任丘任 7 断块属古潜山碳酸岩地层，共有油水井 106 口，上窜井 71 口，套管上窜率高达 67%，上窜最高达到 1.20

米，占套管上窜总井数的40.3%；河间东营断块属砂岩地层，断块油水井总数为49口，套管上窜井有16口，套管上窜率32.7%，上窜最高达到0.63米。油水井套管上窜严重影响了油水井的寿命和油田的正常开发。

此外，结合上述几点不难发现，地面沉降将会大幅度削减沉降区的土地利用价值。地面沉降引发的地裂缝会使城市的房地产用地紧张，而地面沉降给城市规划、建设带来的负面效应更是让城市的招商引资困难重重，土地价值的锐减将直接阻碍地区的繁荣发展。

3.3.5 减轻地面沉降灾害的措施

过量地抽取地下水（或其他液态流矿体、气体）是导致地面沉降的主要原因，这种事实已被国内外学者所公认。因此，减轻地面沉降灾害的措施中最主要的是人为控制地下水的开采量，调整开采层次，人工回灌地下含水层，以及利用地下水的采、灌数学模型，合理地开发利用地下水。

（1）控制地下水开采量

大量地面沉降案例证明，过量开采地下水是导致我国地面沉降的主要原因，减轻地面沉降灾害的措施中，最主要的就是人为控制地下水开采量，从而控制地下水降落漏斗的扩展，减少水位降落幅度。在地面沉降剧烈的情况下，应暂时停止开采地下水。若条件允许，可开辟新的水源地。上海是地面沉降重灾区，也是“控沉”的先行者，在20世纪90年代建立了一张覆盖全市的地面监测网络，提前预警地面沉降。

（2）调整地下水开采层次和时间

力求达到城市用水供需平衡的同时，根据水资源分布状况和地下水降落漏斗中心位置，对开采井网在沉降区的分布进行调整，合理选择开采区，调整开采层次和开采时间，避免开采地区、时间过分集中，同时应尽量选择拥有充足补给源的含水层进行开采，适度开采更深层次地下水。调整开采层次是减轻地面沉降的一种辅助性措施，调整开采井布局、开采层位和开采时间是合理进行地下水开采的前提。

（3）人工回灌地下含水层

开采地下水后应及时回灌，人工回灌地下含水层实际上是用人工灌水的方法补充地下水量，以提高地下水位，达到缓和沉降速率的效果。向地下进行人工补给灌注时，要严格控制回灌水源水质标准以防地下水被污染，并根据地下水的动态和地面沉降规律，制订合理的回灌方案，回灌可充分利用雨水多的季节蓄积的地表水和城市用水淡季自来水厂多余的水。利用地下水的采、灌数学模型，既合理开发利用了地下水，又达到了基本控制地面沉降的目的。

过度抽取地下水曾经是造成上海地面沉降的主要原因，所以从1966年开始，上海开始限制地下水开采，并人工回灌地下水。目前上海共有121口地下河暗井，每天源源不断地向地下100～300米的含水层注水，一口井每小时的流量近30吨，全天的注水量可以达到近500吨。

（4）引调客水

地面已经发生沉降或缺水的城市，应在减少地下开采的同时，规划建设饮水工程，想法引调远方的客水。新建的城镇应尽量避开致灾区，先找到充足的水源后再规划城市，不得先建市后寻水。

地面沉降的防治工作不仅是技术层面的工作，还应该引起政府机构和全社会的重视。为防治地面沉降灾害，政府职能部门应该做到以下几点：①完善地面沉降防治法规体系；②保证地面沉降防治经费的投入；③规范地面沉降防治的管理规划措施；④加强地面沉降监测与预测工作。此外，还应加强科普宣传教育，不断增强公众的社会参与意识，使公众了解并掌握防灾科学的常识和基本技能，充分调动全民力量，达到共同做好地面沉降防治的工作的目的。

以控制地下水开采量为例，因为“地下水是没有行政区划的”，各地在尽快健全完善地面沉降的防治管理体系的同时，更要联合“控沉”。1999年上海、江苏和浙江联动防沉降工作启动，沉降程度较轻的浙江每年大幅降低地下水开采量，而形势较为严重的江苏则是在2000年颁布了《关于在苏锡常地区限期禁止开采地下水的决定》，在全国率先通过立法，限期禁采地下水，此后，地面沉降速率有所减缓。长三角地区的联动机制，可成为应对地面沉降的成功案例。

2012年2月20日，我国首部地面沉降防治规划获得国务院批准，这意味着，国家对地面沉降的防治越来越重视。根据《全国地面沉降防治规划（2011－2020

年)》，到2015年，完成主要地面沉降区和高速及重载铁路沿线等重大工程区的地面沉降调查，初步建立覆盖上述重点地区的地面沉降监测网络；完成地面沉降区的地下水超采复核，控制并逐渐压缩地下水超采规模；建立区域地面沉降防治与地下水管理技术支撑体系，地面沉降继续恶化趋势得到初步遏制。到2020年，完成全国地面沉降调查，建立全国地面沉降监测网络；进一步完善地面沉降监测与防治技术体系、管理体系；实施重点地区水资源配置与地下水禁采限采、含水层恢复修复工程，地面沉降恶化趋势得到有效控制。

恩格斯说过一句名言："我们不要过分地陶醉于我们对大自然的胜利，对于每一次这样的胜利，自然界都报复了我们。"人类的工程建设与地质环境有着相互依存和相互作用的关系，在人类活动影响下，能引起岩土的运动和地下水的运移。当对地质环境的客观认识做出了错误的判断或盲目行为，违反了自然规律或超出了地质环境的承受能力时，自然平衡就将会受到严重的破坏，常可发生突发性灾害，形成人为的地质灾害。因此，协调人类活动和地质环境关系是防灾、减灾的根本措施。达到人与自然环境和谐相处，我们还有很长的路要走。

4 地质灾害与地质环境

前面我们讲述了各种自然及人类活动诱发的地质灾害。其实，地质灾害常常并非孤立发生的，而是经常表现为在某一地区或某一时间集中暴发。地质灾害的这种多发性和群发性表明各种灾害之间存在一定的关联性，蝴蝶效应正是这种效应的体现。这种关联性不仅仅表现在各种地质灾害在成因上的关联性，人类活动起着重要的催化作用。人类活动及其对地质环境施加影响，可以间接或直接诱发地质灾害人类对植被的破坏，加重灾害的传播及向外蔓延。

人类是地质历史发展的产物，其与地质环境有着非常密切的关系。早在2000多年前，《黄帝内经》就已被指出，人类健康与地质环境之间存在密切关联，“顺之则苛疾不起，逆之则灾害生”。随着社会经济的发展，人类对环境的大肆掠夺，使人类与地质环境的矛盾日益加剧。现在人类生存的地质环境受到各种各样的污染和破坏，严重影响了人类的生活质量和生产活动，甚至已经危害着人类的健康。

一只南美洲亚马孙河流域热带雨林中的蝴蝶，偶尔扇动几下翅膀，可以在两周以后引起美国得克萨斯州的一场龙卷风（美国气象学家爱德华·罗伦兹）。这就是著名的蝴蝶效应。一个微小的灾害，如果任其发展，那么灾害一环接一环，环环相扣，将会形成一条灾害链，最终形成巨大的灾害，在蝴蝶效应里面戏称为“龙卷风”或“风暴”。它说明世界是一个彼此联系的整体，各种灾害之间存在某种联系。民间有这样的说法：大震过后必有大疫，大旱过后必有大涝。从现代科学的观点来看，虽不一定完全正确，却反映了民间传统中对灾害关联性的认识。

各种地质灾害既具有独特的形成、发展、致灾的规律，它们之间又具有一定的关联性。各种地质灾害之间以及它们与其他因素之间在形成、发展、致灾机制中相互影响、相互促成的关系经常表现为：一种灾害可由几种灾因引起，或者一种灾害因会同时引起好几种不同的灾害。俗语有云：屋漏偏逢连阴雨，船迟又遇打头风。自然灾害接踵而至，祸不单行，正是灾害关联性的体现。

基于这一全新的、系统的理论重新认识自然灾害，科学家提出了“灾害链”的概念。那什么是灾害链呢？简单一点说，就是当一种重大自然灾害发生时，它就会像被推倒的多米诺骨牌一样，引发另一种灾害，依次发展下去，将会造成一系列的灾害，它又像是原子弹爆炸时的核裂变链式反应，使受灾范围从一个地域空间逐渐扩散到另一个更广阔的地域空间。

许多自然灾害，特别是等级高、强度大的自然灾害发生以后，常常诱发出一连串的其他灾害接连发生，这种现象叫灾害链。灾害链中最早发生的起作用的灾害称为原生灾害；而由原生灾害所诱导出来的灾害则称为次生灾害。自然灾害发生之后，破坏了人类生存的和谐条件，由此还可以导生出一系列其他灾害，这些灾害泛称为衍生灾害。如大旱之后，地表与浅层淡水极度匮乏，迫使人们饮用深层含氟量较高的地下水，从而导致了氟病，这些都称为衍生灾害。

认识这种关联性，对防灾减灾有十分重大的意义。惨痛的历史经验和教训告诫我们，类似“铁路警察，各管一段”“头痛医头，脚痛医脚”这种未能从整体上全面考虑灾害的观点是狭隘的、片面的。人们不能仅仅关注于与自己本职工作有关的那一种灾害，我们必须用全面的、整体的、系统的观点认识和改造我们的地球。面对自然灾害，不同地域、不同职业的人们应该联起手来，共同抵御，切断灾害传播的链条，方可阻止灾害的进一步泛滥。

4.1 地质灾害的关联性

地质灾害是特定地质环境下的产物，不同类型的成因也不尽相同，这就决定了地质灾害无论是地区分布，还是时间发展上都是不均匀的。某地区特定的构造环境、地质地貌特征和地球化学等因素，决定了该地区地质灾害的类型和特征，使其具有明显的空间分布特征。例如，我国青藏高原东南部四川、云南、贵州等地带，形成了以地震、滑坡、泥石流为主的灾害系统。这是因为该地区现代地壳活动强烈、地震频发、震级高。由于地壳活动强烈，山体中断裂发育，岩石破碎，风化严重，加上当地气候干湿季分明，暴雨集中，促使滑坡、泥石流灾害突发。这里是我国地震活动最频繁之地，也是滑坡、泥石流的密集地带。

全球自然灾害在空间上呈现带状分布，称为自然灾害带。世界上最大的自然灾害带有两条。一是环太平洋沿岸几百千米宽的自然灾害带，全球75%的火山、80%以上的地震、2/3的台风与海啸等灾害都集中在这里。环太平洋地带是人口集中、经济发达的地区，因此这个带上的灾害损失严重。另一条是北纬20°~50°的环球自然灾害带。这里既是全球水旱灾害、风暴潮灾害、台风灾害最严重的地区，又因为地势高差大、地形复杂，被称为世界上山地地质灾害最严重的地区。

地质灾害不仅具有明显的地域区域性，而且各种地质灾害之间存在密切的关联性。某一个地域内的地质灾害可能有若干种，各种自然灾害之间以及它们的成因存在着密切的关联。在一次灾害发生过程中，往往由一种原发性的主灾诱发其他灾害。例如，火山喷发可能引发地震；海底大地震可能会引起海啸；地震造成地裂，并引发火灾、海啸、滑坡和泥石流等灾害。我国学者在研究地震与气象灾害的关系时指出：地球内放出的热和气是灾害链中一种灾害诱发另一种灾害的重要因素，地壳活动与气象灾害之间存在某种特殊的链条关系。如1976年唐山7.8级大地震之后，次年黄河中游支流延河、北洛河、泾河中下游及长江上游支流嘉陵江同时发大水；2008年汶川8.0级大地震之后，次年2—3月，长江中下游局地出现暴雨。这都表明各种自然灾害之间存在密切的联系。

地质灾害一经发生，极易借助自然生态系统之间相互依存、相互制约的关系，产生连锁效应，由一种灾害引发出一系列灾害，从一个地域空间扩散到另一个更广阔的地域空间。地质灾害经常有群发现象，许多灾害互为有利条件，所以地质灾害的产生，往往不是单一的形式，而是由两种或两种以上的灾害一起作用发生的。一种地质灾害的发生，往往伴生其他的地质灾害或在随后的过程中成为新的地质灾害的因素。这种现象在泥石流与滑坡的伴生过程中最为明显。泥石流形成的主要因素之一就是松散物质源的供应，滑坡的形成正好满足这种条件，并且两者形成的主要诱导因素都是强降雨，都有丰沛的水供应。因此，在松散物质覆盖层较厚的山区，在发生泥石流的同时，一般都伴随有滑坡的发生。此外，地震因毁坏生产、生活设施而成灾，同时地震又形成地裂，并引发火灾、海啸和滑坡等灾害，又由于人员伤亡和医疗设施的破坏，可能会引起疫病的蔓延等。所以，地震常常引发一系列地震次生灾害，有时候这些次生灾害造成的损失比地震本身还要大。

另外，人类活动及其对自然环境施加的影响，可以直接或间接诱发地质灾害。例如，人类对植被的破坏，使地表径流水量和速度加大，是泥石流日益频繁的重要原因。人类大规模的工程活动，造成滑坡等地质灾害的事情时有发生。

4.1.1 地震滑坡—泥石流灾害链

（1）地震滑坡、泥石流灾害的分布

地震滑坡、泥石流主要分布在阿尔卑斯—喜马拉雅山系、环太平洋山系、欧亚大陆内的褶皱山区以及斯堪的纳维亚山脉，遍及50多个国家和地区。其活动最多的国家有：苏联、日本、中国、美国、智利、秘鲁、印度尼西亚、奥地利、印度、缅甸、瑞士、意大利、南斯拉夫等。其分布与地震带基本一致。

我国的四川、甘肃、贵州、云南等地区，现代地壳活动强烈，地震频发，且震级高，山体中断裂发育，风化严重，岩石破碎，再加上地球内外应力形成该地区山高、谷深、坡陡的地貌特征，是我国滑坡、崩塌、泥石流等地质灾害高发区，形成了以地震滑坡、泥石流为主的地质灾害系统。

（2）地震滑坡、泥石流灾害的危害

地震滑坡、泥石流灾害可毁坏建筑物，压埋人畜、破坏农田，造成巨大灾害，是地震次生灾害之一，有时候，这种次生灾害造成的损失甚至大于地震直接造成的损失。

甘肃省每次大地震都会造成大量的山体滑坡。1718年通渭7.5级地震，造成大于500立方米的滑坡体337个，通渭城北笔架山一座山峰崩塌、滑坡，压死4000余人。甘谷北山滑坡掩埋永宁全镇，压埋2000余户，死伤约3万余人。1920年海原8.5级地震，在甘肃出现657处大滑坡，至今还保存着41个因滑坡形成的堰塞湖，仅西吉滩滑坡就压埋伊斯兰首领马元彦一家60余人、教徒600余人。

1933年8月25日，四川迭溪7.4级地震引发的地震滑坡和崩塌埋葬了迭溪古城及周围60余座城镇村寨，500余人丧生。岷江西岸的烧炭沟、龙池、白腊等村，完全崩入江中，踪迹全无。在迭溪附近，岷江两岸山体崩塌、滑坡堆积形成三座高达100余米的天然堆石坝，将岷江完全堵塞，成为堰塞湖，45天后因暴雨致使大坝决堤，酿成空前的大水灾。

1970年5月31日秘鲁7.7级地震，造成瓦斯卡蓝山北峰的大规模的滑坡、崩塌，并最终形成泥石流（图4-1）。泥石流流速为每秒80~90米，流程达160千米，携带的固体物质多达1000万立方米，掩埋了阳盖镇和潘拉赫卡城的一部分，致使18000人丧生。其伤亡人数占这次地震受害者总数的40%，成为南美洲地震史上的空前事件。

图4-1 1970年秘鲁7.7级地震引发的泥石流（浅色表示泥石流经过位置，据维基百科）

（3）地震滑坡和泥石流的特征

地震对滑坡、泥石流的作用在于，触发滑坡、泥石流的滑动或流动，促进滑坡、泥石流的形成。其表现在以下三个方面：

1）地震力的作用，使斜坡体承受的惯性力发生改变，触发了滑动和流动。

2）地震力的作用，造成地表变形和裂缝的增加，减低了土石的力学强度指标，引起了地下水位的上升和径流条件的改变；进一步创造了滑坡、泥石流的形成条件。

3）地震触发的崩塌、滑坡、冰、雪崩、堤坝决崩以及其他水源的变化，为泥石流提供大量的松散固体物质和水源，进一步扩大了泥石流的规模。

地震触发和促进的作用，造成了两种类型的滑坡和泥石流。一方面，由于地震的触发作用，震时出现大量的滑坡、泥石流；另一方面，地震使斜坡产生新的破坏，促使滑坡的形成，继地震后陆续发生，称为后发性滑坡、泥石流。地震滑坡、泥石流围绕地震的类型、强度等特性表现出鲜明的特点。

（4）地震滑坡和泥石流与地震震级、烈度的关系

地震滑坡和泥石流的活动与地震震级与烈度具有明显的关系。根据近年来多次强震调查统计，滑坡和泥石流多发生在7度及其以上地区。仅在特殊情况下，6度区发生滑坡和崩塌。一般，5级左右的地震可以诱发滑坡和泥石流；5级左右的地震诱发滑坡和泥石流的区域可达100多平方千米；8级以上的地震，诱发的滑坡和泥石流的区域可达几万平方千米。在相同条件下，地震震级越大，诱发滑坡和泥石流的面积也越大。

（5）汶川地震所造成的滑坡、泥石流

2008年汶川大地震诱发的地质灾害规模之大、数量之多、影响之严重，为世界地震灾害史所罕见。汶川地震发生在地形陡峭的山区，地震震动强烈，因而引起了严重的滑坡、崩塌、泥石流及堰塞湖等地质灾害。从汶川到北川的东北方向长500千米、宽100千米范围内，地震触发的滑坡、崩塌、泥石流多达数万处，滑坡多为快速远程滑坡，冲击力强，破坏性大。发生的滑坡和泥石流小则数万立方米，大则几千万立方米，从两侧的山上顷刻间滚滚流下，掩埋了村庄、道路和河流。北川老县城西的王家岩滑坡，体积超过300万立方米，致使老北川县城大批房屋被埋，人员死亡达1600人，损失惨重（图4－2）。北川中学滑坡体造成学校及周围居民死亡约900人。

汶川大地震及随后的余震促使岩体松动、山体疏松。山体稳定性降低，形成了大量新的地质灾害和隐患。地震后的崩塌、滑坡活跃期将会持续5～10年，而泥石流的活跃期持续10～20年。2010年8月7日，甘肃省甘南州舟曲县发生特大泥石流灾害，最重要的两条因素之一，就是舟曲曾是汶川大地震的重灾区。汶川大地震发生时，距离震中不远的甘肃舟曲受到重创，许多陡峭的高山都出现了裂隙，岩石变得松散，再遇上连日的暴雨袭击，一场可怕的泥石流就这样产生了。舟曲泥石流其实是汶川大地震的一种衍生灾害，只不过这种灾害通常处于潜伏状态，这就更加增强了它的危险性。

伴随地震形成的滑坡、崩塌和泥石流还可能导致堆积物阻塞河道，造成河流壅水形成湖泊，这就是堰塞湖。由于松散堆积物形成的大坝并不坚固，当堰塞湖

图 4-2 2008 年汶川地震引发的滑坡埋葬了北川老县城

蓄水达到一定的程度，极易溃坝，对居住在河流下游的人民的生命财产安全构成了极大的威胁。唐家山堰塞湖就是汶川地震造成的规模最大、潜在威胁最严重的堰塞湖之一。

4.1.2 地震—海啸灾害链

海啸是一种破坏力巨大的海浪。水下地震、火山爆发等大地活动造成海底到海面的整个水层发生剧烈“抖动”，引起海水剧烈的起伏，形成强大的波浪向前推进，给沿海地带造成巨大的灾害，称之为海啸。海啸通常由震源在海底下 50 千米以内、6.5 级以上的海底地震引起。地震发生时，海底地层发生断裂，部分地层出现突然上升或者下沉，由此造成从海底至海面整个水体的波动。与平常所见的海面起伏的海浪不同，这种抖动是整个水层剧烈波动，所含的能量巨大。

由于海啸的波很长，海啸在大洋深海区域很难形成灾害，正在航行的船只甚至很难察觉这种波动。当海啸波进入浅海后，由于海水深度变浅，波高突然增大，形成高度可达数十米的“水墙”，冲上陆地，给人类生命和财产造成严重损失。

1755 年里斯本大地震引起的海啸是欧洲近现代史上最具破坏力的一次地震，也是欧洲迄今为止直接遭遇的最大的一次海啸。这次地震震中在葡萄牙西南约 200 千米的圣维森特角，震级为里氏 8.9 级。强烈的海底地震引发自震源海域向四周迅速扩散的巨大海波，与陆地冲撞时形成威力无比的大海啸。据当地牧师描述，“河面突然隆起约 6000 米宽的大潮，卷起高若小山般庞然巨浪，咆哮着越过河堤，吞噬拼命逃窜的难民；抛向高耸波峰的各色龙骨朝天的船只和无数溺水者又被猛烈地跌入波谷；甚至新建不久的大理石码头，连同避身于此的人群及一批锚泊的大小船只，也被开而又合的地裂所形成的巨大漩涡统统就地吞没”。

2004 年 12 月 26 日，印度尼西亚苏门答腊岛以北的印度洋海域发生 9.0 级强烈地震，并引发强烈海啸，东南亚和南亚数个国家受到波及，造成近 30 万人死亡和巨大的财产损失（图 4－3）。这是世界近 200 年来死伤最惨重的海啸灾难。

图 4－3　2004 年苏门答腊岛附近一个小村庄被海啸袭击

2011 年 3 月 11 日，日本东北部海域发生 9.0 级地震并引发海啸，造成数万人死亡或失踪。绝大多数遇难者是被地震引发的海啸夺去生命的。震后调查表明，此次地震引发的海啸浪头最高达 24 米。

地震是海啸的“排头兵”，如果感觉到较强的震动，就不要靠近海边、江河的入海口。如果听到有关附近地震的报告，要做好防海啸的准备；要记住，海啸有时会在地震发生几小时后到达离震源上千千米远的地方。如果发现潮汐突然反常涨落，海平面显著下降或者有巨浪袭来，并且有大量的水泡冒出，都应以最快速度撤离岸边。在海上航行的船只不可以回港或靠岸，应该马上驶向深海区，深海区相对于海岸更为安全。

4.1.3 地震—火灾灾害链

因地震引发的火灾称为地震火灾。地震次生火灾是城市当中非常常见的地质灾害链，也是城市中最易发生、最危险的次生灾害。地震火灾常常造成严重的人员伤亡和财产损失，是地震的主要次生灾害之一。国内外多震例证明，大多数城市破坏性地震都会引发火灾，造成的损失往往超过了地震直接造成的损失。

随着经济的发展，人们生活水平的提高，家用电器、燃气设施大量涌入人们的日常生活，为我们生活带来便利的同时也带来很多火灾隐患。另外，随着现代工业发展的需要，加工、使用、经营、运输、存储易燃易爆物品的单位和场所越来越多。如石油化工厂、加油站、液化气站、天然气管道等，在城市里星罗棋布。这些设施一旦在地震中损毁，就将引发规模巨大的次生火灾，损失也将极为惨重。

1906 年 4 月 18 日，美国西部旧金山地区发生 8. 3 级特大地震。这场大地震仅仅持续了 75 秒，旧金山市几乎一片瓦砾。地震时烟囱倒塌、堵塞及火炉翻倒，市内有 50 多处着火。由于地震破坏了大部分消防站和自来水管道，供水系统瘫痪，无法消防灭火，以致熊熊大火烧了整整三天三夜。最后，人们在火区外围用炸药炸出一条隔离带，才阻止了火势的蔓延。市区 10. 6 平方千米的 2. 8 万栋房屋被烧毁（图 4 -4）。这次火灾造成的损失远远大于地震直接造成的损失，是美国历史上城市所遭受最严重的自然灾害之一。

1923 年 9 月 1 日，日本关东地区发生的 8. 3 级地震，震中位于东京和横滨两座大城市之间。震后市区 400 多处同时起火，引发大面积火灾，横滨市几乎全部被烧光，东京的 2/3 城区化为灰烬，在地震死亡的 10 万人中 90% 死于火灾；在毁坏的 70 万栋房屋中，有近 50 万栋是被大火烧毁的，这次地震火灾损失远远大于地震本身直接造成的损失。

图 4-4 1906 年地震火灾后的旧金山

地震是人们面临的最为严重的自然灾害之一，地震次生火灾也自然成为人们重点防御的次生灾害。旧金山地震和关东大地震的火灾告诫人们，地震次生火灾是极其危险的，其造成的损失是极为严重的。地震时，城市的管道、供电等系统很容易遭到破坏，造成燃气泄漏、电力破坏，引发火灾，而消防系统也被损坏，致使火灾蔓延发展到无法控制的地步。当我们在地震中遇到燃气泄漏时，应用湿毛巾捂住口、鼻，千万不要使用明火，震后设法转移。遇到火灾时，应趴在地上，用湿毛巾捂住口、鼻。地震停止后向安全地方转移，要匍匐、逆风而进。

4.2 地质环境与人体健康

地质构造不仅仅影响着现在地球地貌格局的形成与差异，也与人类身体健康有着密切关系。人类和自然环境间不断地进行着物质与能量的交换。我们通过呼吸空气、饮水、摄入食物，与环境间保持着物质的动态平衡。通过长期演化，人体中化学元素的丰度与生存环境中元素的丰度间有着统一性。例如，除人体原生质中的主要成分碳、氢、氧和地壳中的主要成分硅以外，其他化学元素在人体血液中的含量和地壳中这些元素的含量分布规律具有惊人的相似性，由此说明人体化学组成与地壳演化具有亲缘关系。

地球表层化学环境为人类生存提供了物质来源，维持着人体化学组成与外界环境之间的动态平衡。然而，当某些地区某种化学元素的相对含量（也称丰度）明显地偏离地表的绝对丰度值时，就可能使这种动态平衡受到干扰，形成如地氟病、地方性甲状腺肿大、地方性砷中毒等地方性疾病。随着工农业的迅速发展，自然资源被大规模开发利用，人类居住的生活环境受到各种各样化学和物理因素的污染。例如，铅、砷、汞等这些对人体有害的元素，被人类大规模地从地球深部开掘出来，然后又散落到地表，加上农药、化肥的大量使用，以及“三废”和放射性物质等污染，极大地危害着人类的健康。

4.2.1 元素与人体健康

（1）人体内的元素

人体和地球一样，都是由各种化学元素组成的，存在于地壳表层的90多种元素均可在人体组织中找到。化学元素不仅是构成人体的基本原料，而且在人体的生长、发育、衰老、疾病、死亡中起着十分重要的作用。人体所含元素差别极大，按其含量不同，可以分为常量元素和微量元素二大类。常量元素也称宏量元素或组成元素。它们的标准含量占人体总重量的万分之一以上。常量元素占人体总重量的99.95%。含量占人体总量万分之一以下的称微量元素。根据机体对微量元素的需要又分为必需微量元素和非必需微量元素。维持人体正常生命活动不可缺少的元素称为必需微量元素，包括铁、锌、铜、锰、碘、钴、锶、铬、硒等微量元素。它们溶融在人体的血液里，含量虽然很低，但其作用却非常大。如果缺少了这些微量元素，人就会得病，所以人们每天都要摄取各种有益于身体的微量元素。微量元素分为必需与非必需、有毒或无害，这种分法只有相对的意义。因为即使同一种微量元素，低浓度时是有益的，高浓度时则可能是有害的。同样也不意味着以任何浓度使用该元素都是安全的。随着人们对微量元素研究的深入，将会发现一些“非必需元素”“有害元素”具有一定的生物学作用，甚至可能是必需的元素。

(2) 人体中元素含量与地质环境中的元素的相关性

人体中各种元素组成的平均丰度与地壳岩石中的平均丰度具有一定的相关性。20 世纪 70 年代英国地球化学家哈密尔顿发表了重要论文《人体组织中的金属元素和环境因素的关系》，介绍了他的研究组从 20 世纪 60 年代以来，用当时最新的火花源质谱法测定了 220 例英国人体组织中从氢到铀的各种元素的含量，获得了上万个数据。当他把人体各组织（如肝、肾、心脏、脑、脾、尿、肌肉及血液等）中的元素含量与人类从古到今的生活环境（如海洋、大气、土壤、岩石及各种食物）中的元素分布对比时，观察到人体血液中 60 多种化学元素的平均含量与地壳元素的分布明显有关（图 4－5）。除人体原生质的主要成分元素碳、氢、氧、氮以及地壳中的主要成分元素硅以外，其他元素在人体与地壳中的分布趋势是一致的，即两者的丰度曲线相当吻合，相关性非常好。这个关系被称为丰度效应。这是首次对人体微量元素进行系统的宏观研究得到的重要结果。

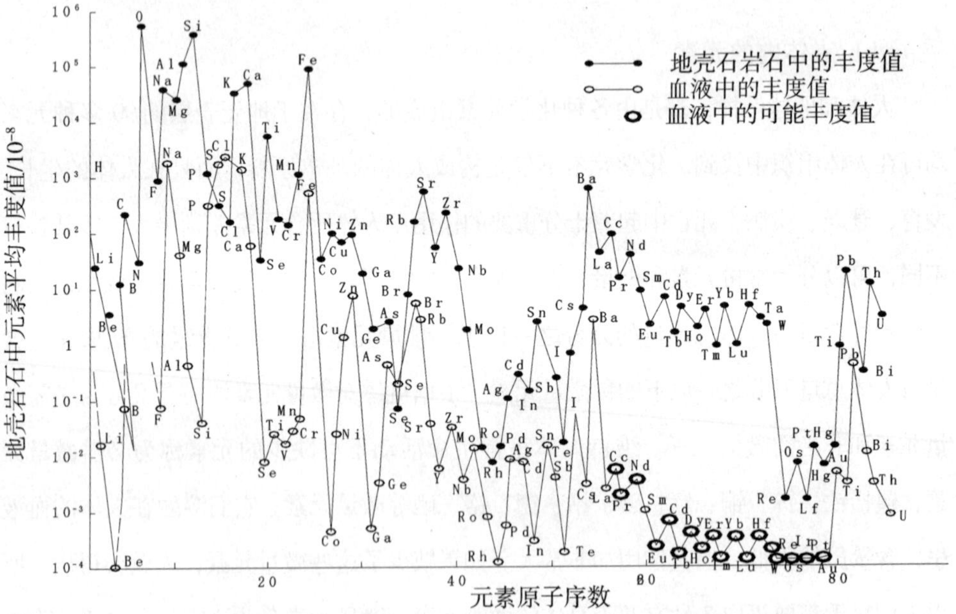

图 4－5　人体血液元素与地壳中元素丰度比较（据哈密尔顿，1965）

丰度效应对人乃至对其他生物特别是动物都有明显的现实意义。例如，动物界曾经出现过家畜缺铁引起的病变、消瘦、食欲不振、腹泻等；而富含铁的岩石露头处，常有家畜去舔舐，以使唾液溶解铁，从而补充铁的不足。此外，人类为保证体液与海水组成的相似性，也就是保证钠的丰度，人必需食用足够的盐。许多地方病就是某些元素的丰度失调引起的，为此，必须保证它足够的供应。

现代人体的化学成分是人类长期在自然环境中吸收、交换元素并不断进化、遗传、变异的结果。人体中某种元素的含量与地壳元素标准丰度曲线发生偏离，就表明环境中该种元素对人体健康产生了不良影响。环境的任何异常变化，都会不同程度地影响到人体的正常生理功能。如人在某一地方长时间居住，就会发展自己体内的种种代谢或代偿功能，以便从环境中获取适量的微量元素。而一旦到新的地点进行生活时，由周围环境通过饮食进入体内的微量元素含量会有变化，这时人就不得不重新调节自己体内的技能。而在这一改变过程中，有可能出现一系列不适的反应，而这一综合反应就是我们平时所说的“水土不服”。

（3）微量元素的生理功能

必需微量元素虽然在体内含量很少，但它们在生命过程中的作用不可低估。没有这些必需的微量元素，酶的活性就会降低或完全丧失，激素、蛋白质、维生素的合成和代谢也就会发生障碍，人类生命过程就难以继续进行。

微量元素是人体中主要的功能元素，它们的生理功能主要包括：

1）构成金属酶的必需成分。酶是一种大而复杂的蛋白质结构，在人体几千种已知的酶中，大多数含有一种或几种金属元素。失去金属元素，酶的活力就丧失或下降。获得金属元素，酶的活力就恢复，如含锌的碳酸酐酶，含铜的络氨酸酶。

2）在激素和维生素中起特异性生理功能。如碘和甲状腺原氨酸结合形成具有激素活性的甲状腺素。缺少碘元素，人体就会得甲状腺疾病。

3）形成具有特殊功能的金属蛋白。如血红蛋白的铁是氧的携带者，它把氧带到每个组织、器官的细胞中，供应代谢的需要。

4）微量元素在体液中与钾、钠、钙、镁等离子协同，可起调节渗透压、离子平衡和体液碱度，以保持人体的正常生理功能。

微量元素虽然在人体内的含量不多，但与人的生存和健康息息相关，对人的生命起至关重要的作用。它们的摄入过量、不足、不平衡或缺乏都会不同程度地引起人体生理的异常或发生疾病。微量元素最突出的作用是与生命活力密切相关，仅仅像火柴头那样大小或更少的量就能发挥巨大的生理作用。

4.2.2 地方病

《贤奕编》中记载了这样一个小故事：有个地方叫南歧，处在陕西、四川之间的偏僻山谷之中，那里的人很少与外人交往。南歧的水很甜，但是缺碘，常年喝这种水的人都会生粗脖子病。有一天，从山外来了一个人，男女老少拥去围观，还大声嘲笑他："真怪呀，这人的脖子怎么这样干枯细瘦？是不是有病啊。"外地人听了笑着说："你们的脖子才有病呢，那叫大脖子病，你们还不赶快找医生治疗！"南歧人听了大笑道："我们这地方人全是这样的脖子，多好看啊，哪里用得着去医治呢？"这个地方的人患的就是典型的地方病——地方性甲状腺肿，俗称"大脖子病"（图4－6）。

图4－6 漫画《大脖子病》

两千多年前，《内经》就明确表达了人和自然界是一个统一整体的思想，认为人类的生存、健康、疾病与地理环境有关。《吕氏春秋》也明确记述了一些地方病与环境的关系。随着生物学、医学的发展，微量元素生理功能的逐一发现，揭开了人体外部环境与人体脏器、组织生命的奥秘，使过去难以理解的现象获得了科学的解释。特别是对与微量元素有关的各种地方病、营养性疾病及其他有损于健康的生物学效应的防治，都将在各相关学科的共同努力下得到改善或解决。

地方病，是指限于某些特定地区发生或流行的疾病，或是在某些特定地区经常发生并长期相对稳定的疾病。地方病的发生、流行，与病区中的某种地球化学或生物因素密切相关。地方病的基本特点是：①具有明显的地域性，有的在城镇或乡村，但更多的是在森林原野、人迹罕至的地区，如脾传回归热病发生在荒漠中，鼠疫的典型疫区在草原，而血吸虫流行在沼泽及荒滩。②具有明显的季节性。③受人类活动的影响偏重。

地方病按其病因，可分为两类：

（1）生物源性地方病。病因为微生物和寄生虫，是一类传染性的地方病。该地区存在某疾病原体与宿主，人类因与传染源接触而感染发病。包括鼠疫、乙型脑炎、流行性出血热、钩端螺旋体病、血吸虫病、疟疾等。

（2）化学源性地方病。病因为当地水或土壤中某种（些）元素或化合物过多、不足或比例失常，再通过食物和饮水作用于人体所产生的疾病。如元素缺乏引起的疾病：地方性甲状腺肿、地方性克汀病等；元素中毒性（过多性）引起的疾病地方性氟中毒、地方性砷中毒等。

目前我国纳入重点防治的地方病包括鼠疫、血吸虫病、布鲁氏杆菌病、碘缺乏病、地方性氟中毒、克山病、大骨节病和地方性砷中毒 8 种。表 4 – 1 列出 1994 年度和 2000 年度 8 种主要地方病的病区范围、受威胁人口及病例。

表 4 – 1　全国 8 种主要地方病病区范围及病例数

病名	1994 年度			2000 年度		
	流行县数	受威胁人口数（百万）	现患病例数（千）	流行县数	受威胁人口数（百万）	现患病例数（千）
鼠疫	219	—	0．007（年内新发）	13	—	0．254（年内新发）
血吸虫病	386	66	1．303	413	84．71	6．949
布氏杆菌病	1307	506．7	70．338（新发 0．815）	1387	554．46	74．492（新发 1．921）
碘缺乏病	1809	727．9	7998．625（地方性甲状腺肿）	452	988．1	5675．30（地方性甲状腺肿）
			187．521（地方性克汀病）			130．66（地方性克汀病）
地方性氟中毒						
饮水型	1066	506．2	27521．7（氟斑牙）	1107	535．16	22968．26（氟斑牙）
			1310．9（氟骨症）			1138．69（氟骨症）
燃煤型	199	89．9	18430．6（氟斑牙）	199	91．23	1769．49（氟斑牙）
			1419．3（氟骨症）			1464．55（氟骨症）
克山病	323	127．1	55．144	319	124．43	46．734
大骨节病	321	95．9	1088．637	351	98．96	1025．16
地方性砷中毒	12	4．3	3．447	23	8．1	11．68

（1994 年资料来源：卫生部地病办；2000 年资料来源：卫生部疾病控制司）

(1) 地方性氟中毒

地方性氟中毒又称地氟病，是在特定地区的环境中，包括水土和食物中氟元素含量过多，导致生活在该环境中的人群长期摄入过量氟而引起的慢性全身性疾病。地氟病在世界各大洲均有分布，中国、印度最为严重。在我国主要分布在贵州、陕西、甘肃、山西、山东、河北和东北等地。据目前所掌握的资料，我国地方性氟病病区分布除上海市外，全国各省、自治区、直辖市均有不同程度的地方性氟病流行，氟斑牙患者4000余万人，氟骨病患者260余万人，主要集中在北方，如松嫩平原、山西均是我国严重的氟中毒病区。

氟中毒病在世界的分布与地球化学环境密切相关，主要受岩石、地形、水文、地球化学变化、土壤以及气候等因素的影响。由于自然界的氟主要有两个来源：一是风化的矿物和岩石，如花岗岩、碱性岩浆岩、萤石矿和磷矿等；二是火山喷发。所以地氟病主要发病区包括：

1）火山活动地区。火山爆发喷出的物质中含有大量氟。生活在火山周围的居民多患氟斑牙病和氟中毒症。世界上一些著名的火山，如意大利的维苏威火山、冰岛的火山区均有地方性氟中毒病发生。

2）高氟岩石地区。碱性岩浆岩石中含有丰富的氟，经过风化、淋溶和迁移转化等，使地表水和地下水中的氟含量增高。生活在该区的居民长期饮用高氟水，会发生氟中毒。

3）富氟温泉区。温泉水中含氟量一般比地表水高，随着水温的升高而不断增加。许多温泉区有氟中毒病发生，如西藏谢通门县卡嘎村温泉周围的居民患严重的氟中毒病。

4）干旱、半干旱富氟地区。干旱、半干旱地区，气候干燥，降水量少，地表蒸发强烈。地下水流不畅，氟化物高度浓缩，形成富氟地带，是氟中毒病高发区。如在印度的许多地区，地面氟化物大量蓄积，地方性氟骨症患者高达100万人以上，被称为世界“氟病大国”。

燃煤型氟中毒是由当地燃煤中含氟量高，燃烧过程中释放大量氟化物污染空气、衣物与饮水而导致的人群慢性中毒，贵州的毕节、云南的昭通、湖北的三峡及陕西的安康、议中等地均有燃煤型氟中毒的报道。在沿海地带，由于大量开采地下水，导致海水入侵，不仅使土壤盐渍化、水井报废，也使地下水中氟含量增高，从而引起氟中毒病的发生。近年来，也有因食用富氟水产品、茶和粗制海盐而引起氟中毒的报道。

（2）地方性甲状腺肿

地方性甲状腺肿，是指发生在某些地区的一种甲状腺疾病（又称地甲病），是一种因环境缺碘或富碘所引起的地方病。

甲状腺肿是一种流行较广泛的地方病。据联合国世界卫生组织1960年估计，全世界患地方性甲状腺肿的病人不少于2亿，中国大概不少于2000万。主要流行区是亚洲的喜马拉雅山区、南美的安第斯山区、非洲的刚果河流域、大洋洲的新几内亚等。中国也是地甲病流行较严重的国家之一，广泛分布于山区和内陆，滨海地区较少。除上海市外，各省、自治区、直辖市均有不同程度的流行。

甲状腺贮存的碘量为7~8毫克，仅够使用一个多月。而人体只有这一个贮存碘的器官，短期内摄入大量的碘既不会被利用，也不会被过量贮存，只能由尿排出。因此，补充碘应细水长流，持续不断。在预防工作取得显著成效的地方也不可松懈。

甲状腺肿预防方法主要有：

1）食用碘盐。用碘盐补碘的干预效果已被国际社会所公认。自20世纪20年代开始以碘盐的方式补碘以来，凡坚持开展的国家和地区甲状腺肿患病率都大幅度下降。中国新疆乌什县1964年甲状腺肿发病率为64.3%，经过12年的食盐加碘后于1975年复查，发病率降到10.6%。青海贵德县1974年甲状腺肿发病率为33.9%，通过3年食盐加碘后，1976年复查发病率降到9.7%。

2）补充碘油。碘油是用植物油皂化成脂肪酸后再与碘分子结合而成。我国用的碘化油多为核桃油与碘合成，近年来，也有用豆油制的碘油。碘油通常用于难以推广碘盐的边远地区，作为碘盐干预的辅助措施，应用的对象主要是育龄妇女、孕妇、哺乳期妇女及0~2岁婴幼儿等特殊人群。

（3）地方性砷中毒

地方性砷中毒，是由于长期通过饮用水、室内煤烟、食物等介质，摄入过量的砷而引起的一种生物地球化学性疾病。临床上以末梢神经炎、皮肤色素异常、掌跖部位皮肤角化、肢端缺血坏疽、皮肤癌变为主要表现，同时伴有中枢神经系统、周围神经、血管、消化系统等多方面症状的疾病，是一种伴有多系统、多脏器受损的慢性全身性疾病。地方性砷中毒多为慢性中毒，是发现历史最短、了解最少的一种地方病。由于其危害不只限于摄入砷的一段时期，持续期较长，尤其砷可引起恶性肿瘤等，因此引起广泛关注。美国加利福尼亚大学的史密斯教授研究表明，长期饮用砷污染水的人群中 10 人就有 1 人死于癌症。这种情况在我国台湾、智利和阿根廷等地区和国家均有报道。

在许多国家都不同程度地存在地方性砷中毒事件，如智利、阿根廷、美国、加拿大、泰国、苏联、匈牙利等，其中最严重的是孟加拉国、印度和我国。据孟加拉国官方透露，全国 64 个地区中有 59 个地区受到砷污染。据 2000 年世界卫生组织（WHO）发表的《孟加拉国的供水砷污染》的文章提到，这个 1.25 亿人口的国家中有 3500 万～7700 万人处在饮水被砷污染的危险中，至少 10 多万人因饮用砷污染的水而造成皮肤损害。

在我国，地方性砷中毒的形势也十分严峻。据中国预防医学科学院专家估计，目前暴露在饮用水砷浓度等于或超过 0.05 毫克/升（WHO 制定的标准为 0.01 毫克/升）的人口为 560 万，暴露在饮用水砷浓度等于或超过 0.01 毫克/升的人口为 1446 万。这还不包括燃煤引起的燃煤型地方性砷中毒人口。

地方性砷中毒可分为饮水型和燃煤污染型。

因饮水引起的砷中毒是在 20 世纪 20 年代末才有所发现。早期最明显的由于饮用天然含砷高地下水引起发病的典型例子发生在加拿大安大略省某农户，因饮用庄园内高含砷井水，3 胎新生儿和 1 名成人死亡。地下水含砷一般比地表水高，饮用包括井水、泉水、温泉水的地下水引起的砷中毒最常见。1980 年，我国新疆奎屯地区发生了第一起大面积地方性砷中毒事件。该地区居民 20 世纪 60 年代以前饮用河渠水，从未发生过地方性砷中毒。60 年代起当地大量打井，但由于缺乏系统的水质检验，对某些深井水含砷、氟等元素过高的情况未曾掌握，以致 70 年代以后，部分地区居民中出现地方性砷、氟中毒患者。在当时病情最重的村进行普查，受检的 362 人中检出砷中毒病人 168 例，检出率为 46.41%；85 户中有 81 户发病，占总户数的 95.29%；饮用的自流井水含砷量为 0.85 毫克

/升。新疆奎屯地区受威胁居民约5万人，查出病人2000多例。到1984年年底，新疆奎屯地区水含砷量相对高的病区均采取了改水降砷防治措施，对控制砷中毒起到了很好的作用。

燃煤污染型地方性砷中毒是我国特有的一种危害严重的地方病，主要分布在我国中西部产煤区，重点病区为贵州省兴仁、兴义、安龙等市县和陕西省秦巴山区，病区呈点状分布。燃煤污染型地方性砷中毒发生的原因为当地居民使用高砷煤做饭取暖，并将玉米、辣椒等食物放于炉灶上层烘烤，炉灶无烟囱，使食物受到室内煤烟污染，居民通过食入与吸入途径摄取大量的砷。燃煤污染型砷中毒和居民生活习惯及地产高砷煤因素密切相关，此两项为病区存在的必备条件。针对燃煤污染型地方性氟中毒，疾病预防控制机构开展改良炉灶、科学使用炉灶及培养良好行为等活动，以求降低中毒率。

（4）大骨病

大骨病，是一种地方性、多发性、变形性骨关节病。本病主要表现为关节透明软骨变性、坏死及继发的骨关节炎伴随广泛的横纹肌萎缩，严重者可导致矮小畸形，终生残疾。本病在各个年龄组都有发生，但多发于儿童和青少年，成人很少发病，无明显的性别差异。各年龄患病率不同地区有所差异，活跃病区10岁以下儿童居多；重病区发病年龄提前，2～3岁即可发病；轻病区发病年龄后移，多发于10岁前后。现已证实环境中硒缺乏与大骨病发病的关系最为密切。

大骨病的分布与地势、地形、气候条件有密切关系。主要分布在我国从川藏到黑龙江的狭长地带，以及苏联的西伯利亚和朝鲜北部山区。在中国，大骨病多分布于山区、半山区，其海拔在500～1800米。如中国东北山区、丘陵地区，以山谷低洼潮湿地区发病最重。在西北黄土高原地区，以沟壑地带发病较重。

大骨病的病因研究集中在环境缺硒、饮水有机物污染和粮食真菌毒素中毒三方面。例如，在东北松嫩平原、松辽平原、三江平原部分地区，地势平坦，流水不畅，凡水井穿过湖泽相地层的地方多为发病区。在黄土高原，群众多利用土窖存水，由于水质不良，大骨病严重。因此补硒、改水、换粮以阻断粮食真菌毒素摄入，为预防本病的主要措施。

（5）克山病

克山病，是一种以心肌变性、坏死为主要病理改变的地方病，亦称地方性心肌病。1935年在我国黑龙江省克山县发现大批急性病例，主要表现为心脏扩大、心力衰竭、心律失常，因病因未明，故称为“克山病”。现已证明克山病是一种与环境低硒关系密切的地方性心肌疾病。克山病是一种分布较广的地方病，国内外都有发生，并具有地理地带性分布的特点，是一种流行于荒僻的山岳、高原及草原地带的以心肌病为主的疾病。

环境中硒水平过低是克山病发生、发展、流行的主要原因。另外克山病流行区居民膳食中除缺硒外，同时伴有优质蛋白、钙、铁、锌、维生素B族和维生素E等营养素缺乏。

对克山病的综合性预防措施包括：注意环境卫生和个人卫生，保护水源，改善水质，改善营养条件，防止偏食，尤其对孕妇、产妇和儿童更应加强补充蛋白质、各种维生素及人体必需的微量元素。在流行区推广预防性服药，采用硒酸钠作为预防性服药，经多年推广，证明可明显降低发病率。此外，流行区推荐使用含硒食盐。通过向植物根部施加含硒肥料提高农作物中含硒量。

（6）癌症

癌症在世界各地均有分布，但它有明显集中高发的现象。不同国家、地区的癌症死亡率相差10倍，乃至百倍。每种肿瘤都有自己独特的地理分布特点。

食管癌在世界有3个明显高发区：中亚里海沿岸，南非，我国太行山中南段。食管癌多发于干旱的剥蚀低山丘陵地区，特别是石炭二叠纪煤系地层及红土覆盖层地区还与土壤pH值呈正相关。这些地区的微量元素钼、锌、铜、钴含量偏低。

肝癌在热带、亚热带、沿海潮湿多雨地区多发，发病率随着地理纬度的降低而增高。欧洲、北美洲、大洋洲很少发生肝癌。非洲莫桑比克首都马普托肝癌死亡率最高，为146.6/10万；挪威、芬兰等北欧国家最低，死亡率仅（1.00～1.2）/10万。中国肝癌平均死亡率约为10/10万，高发区位于广西、江苏、广东、福建、上海、浙江等沿海一些地区。

鼻咽癌唯有东南亚和我国华南相对高发。我国广东省的启东就是国内高发区。胃癌发病与土壤中镁的含量呈负相关。气候、气象、地理、地质、土壤、水源、地球化学、微量元素和植物的生态环境等，都是影响肿瘤发生的因素。

4.2.3 矿物医学

人类对地质环境与身体健康、疾病之间的关系的认识已有几千年的历史。我国古人在《黄帝内经》《吕氏春秋》中就有关于地势水土对身体健康影响的论述，并发现400多种矿物药材。矿物药自古以来就是中药材的组成部分，是中华民族文化的瑰宝，最可珍贵之处就是其中凝结着几千年的临床实践经验。

在历代医药典籍收录的2600余种药物中，地质药物有413种，占15.9%，主要分为古生物药物、矿物药物和岩石药物。古生物药物主要由化石构成，例如，龙骨是哺乳动物（象、三趾马、羚羊等）的骨骼化石。矿物药物是天然矿物，例如朱砂（辰砂）、雄黄、自然铜（黄铁矿）、菇石（赤铁矿）、磁石（磁铁办）、白石英（石英）、紫石英（萤石）、大青盐（石盐）等。岩石药物由岩石构成，例如钟乳石（钙华）、花蕊仓（含蛇纹石大理岩）、海浮石（多孔状喷以岩）等。中药的质量和品级取决于产地，即其产出的地质环境。历代药典均指出：用药必择土所宜，则药用之有据，在特定地质环境中产出的中药材称地道药材。例如，地道的朱砂产于湖南辰州，故称辰砂；戎盐以青海盐湖所产为佳品，故称大青盐等。产于不同地质环境中的同种地质药物，其中微量元素成分及其含量可以相差甚远，其效果优劣不一。

人们还发现，通过饮用、淋浴矿泉来治疗疾病。如内蒙古自治区呼伦贝尔盟有较多二氧化碳和铁质的矿泉，人们吃了可以治疗胃病和其他一些疾病。矿泉温度较高的温泉含有矿物质和热力，对治疗皮肤病和风湿等疾病有很好的益处。如北京城北小汤山温泉中含有氟、镭、硫化氢等物质，对人体有医疗保健功效，对医治牛皮癣、神经皮炎、肠胃病、心血管疾病、关节炎、风湿性关节炎、神经衰弱和失眠等疾病有显著疗效。在地下贮藏石油的地区，涌出的矿泉中含有较高的硫化氢，能治疗心脏病和风湿病。有些地区的矿泉含有放射性元素，虽然对人体有一定的危害，但是对一些疾病能起到特殊的治疗作用。

小知识

雄黄也称石黄、熏黄等，矿物名称也叫雄黄，化学成分为硫化砷（AsS），橘红色，性脆，有异味，是久传于民间的解毒医疮杀虫药物。千百年来，我国人民有在端午时节，盛夏将临之际，饮雄黄酒的习惯，就是应用雄黄的解毒、杀虫的功效。雄黄在空气中加热氧化后变为剧毒三氧化二砷，也就是大名鼎鼎的砒霜，是另外一味著名的毒性很高的矿物药，其解毒杀虫的原理也在于此。

朱砂也叫丹砂、神砂等。它为汞的硫化物（HgS），呈朱红色，比重很大，硬度较小，性脆。朱砂味甘，微寒，明目，养精神，安魂魄，也是定惊安神药。古代凡有睡卧不宁，烦躁不眠，惊痛寂狂之类的症状，必用朱砂。朱砂还能解毒医疮，但不宜久服，否则会汞中毒。

4.3 人类活动与地质灾害

地质环境是人类赖以生存的基础，人类生活所需要的物质和能源大都来源于地质环境。地质环境是自然界给予人类的莫大的恩赐，同时也给人类带来灾难。特别是随着社会经济的发展，人类对环境的大肆掠夺，使人类与地质环境的矛盾日益加剧。为了缓和矛盾，人类必须采用科学、合理的方法开发利用自然资源，实现人类社会与地质环境的和谐统一。

人类很难完全改变岩石圈、大气圈和水圈等环境，但是可以对地面状况施加影响进而改造局部地区的环境。人类进行生态环境建设，使生态系统良性循环，可以增加环境的稳定性。例如，修建水库可以一定程度上稳定局部地区的水循环，减轻旱涝灾害；植树造林和水土保持可以减少滑坡、泥石流的发生。相反，人类超强度地开发自然资源，破坏生态环境，造成环境恶化，致使环境更加不稳定，导致自然灾害频发。如破坏森林和草场造成水土流失和荒漠化，过量开采地下水引起海水入侵、地表沉降、地面塌陷等。

4.3.1 大型工程活动与地质灾害

人类工程活动是人类社会生存和发展所必不可少的，如资源、能源的开发，工农业生产，城镇建设，交通建设等各项活动。由于人口的增长和科学技术的不断进步，使人类目前的建设和创造能力极大地加强，人类工程活动对地质环境的影响也以空前的速度加快，并因此而产生了严重的环境问题，带来了一系列的危害和灾难。

当代主要工程活动包括水利水电、矿业、交通、城镇和工业建筑土木工程等。每类工程活动又有自己的特点，如水利水电工程是综合性的工程项目，包括水利枢纽、水库工程、引水工程和下游灌溉工程等，这类工程对地质条件要求高，对地质环境影响显著；而矿业工程的特点则大多为深部开发，带来地下和地表条件的各种变化，从而产生环境影响。每类工程活动对地质环境的作用方式和强度不同，对地质环境的影响也不尽相向。

大型水利水电工程对地质环境的影响和破坏主要表现在：

（1）库区水位抬升，导致地下水水位提高，地下水运动发生变化，产生浸没、湿陷、沼泽化等环境和地质问题。

（2）库区水化学的改变，引起河流溶解氧、硫化氢、二氧化碳含量发生变化。

（3）下游河段的河水位及流量发生改变，地表水与地下水的补给排泄关系发生变化，原来的地下水补给河水可能变为库水补给地下水。如干旱地区的河西走廊，修建水库减少了下游地下水补给量，导致泉水枯竭。

（4）水库蓄水后，库区水文条件急剧变化，水库岸边斜坡因失稳塌落、淤积而引起的水库边岸再造。

（5）水库蓄水可诱发地震。水库蓄水后可产生三个方面的效应：水库水体的荷载效应、物理化学效应和空隙水压力效应，从而引发水库地震。此类型地震基本特征为：地震震级一般比正常地震低；震源深度浅；地震烈度高。水库诱发地震具有较强的破坏性，不仅能直接造成破坏和伤亡，而且有可能导致坝溃水滥，引起次生灾害，使下游地区人民生命财产遭受灾难性的损失。这种双重灾难的特殊性，已引起国内外专家学者的广泛重视。我国是研究诱发地震较早的国家之一。

新丰江水库位于广东省河源市境内东江支流的新丰江上，1958 年开工，1959

年10月开始蓄水，1962年建成。水库正常蓄水位116米，总库容138.96亿立方米。水库刚开始下闸蓄水，便在库区出现地震活动，且地震强度频度随水位上升而增强。1962年3月19日，在库区距大坝1.1千米处发生6.1级地震。该地震是世界上4次6级以上的水库诱发地震之一，也是我国最大的水库诱发地震。离震中约200千米的广州和100千米的龙川县也遭受到不同程度的破坏，最远有感距离达570千米。地震造成7人死亡，63人受伤。房屋倒塌1800余间，严重破坏10500间，损坏13400间。由于震中距大坝仅1千米，强烈的震动造成大坝上部出现上下贯穿的水平裂缝，坝体伸缩缝普遍浸水，库区沿岸地裂缝70多条。据广东省地震局记载，此后几十年，该水库陆续发生过5级以上地震6次、4级以上地震44次。

跨流域、长距离调水可以扩大农业灌溉面积，提高粮食产量，促进航运，改善受水地区的水质和自然环境。但人为改变天然水系，不仅引发流域生态系统的变化，还淹没大量土地，迫使工程沿线居民搬迁，使被引水河流下游水资源发生变化，可能造成受水地区土壤次生盐渍化等地质问题。

公路建设中，由于开挖路堑和平整路基，修建桥梁、隧道等工程，常导致边坡变形失稳，发生崩塌、滑坡、泥石流等地质灾害。

4.3.2 水资源过度开发与地质灾害

水是人类生存和人类文明的命脉。人类生活及社会生产活动从来就离不开水，水是现代文明中的基本组成部分。随着社会人口的急剧膨胀以及社会经济的快速发展，人类对水资源的需求量越来越大，由此引发的资源供需矛盾也越来越突出。

水污染和水资源过度开发利用，已经破坏了水生态系统，导致许多严重环境和地质危害，其中主要包括：

（1）河湖干涸。在世界上，由于水资源过度开采，许多河流断流甚至消失。许多湖泊的面积也日益缩小以致消亡，这对当地生态系统的破坏性影响是不言而喻的。例如，罗布泊1934年湖泊面积为1900平方千米，1962年仅剩530平方千米，现在由于塔里木河下游断流，没有水源补给，已完全干涸。

（2）区域性水位下降。地下水在大量开发之前，基本上处于天然的平衡状态。由于现代经济发展的需要，人类过量开采地下水，造成开采的区域性水位下降。根据《1996—2000 年全国主要城市和地区地下水水情状况》，在河北、北京、天津、河南豫北地区以及山东黄河以西地区，由于地下水的开采已严重过度，漏斗总面积超过 4 万平方千米，地下水位年平均下降速率达 1 ~ 3 米。江南地区因地表水严重污染，不得不开采地下水。从江苏无锡到上海、嘉兴，形成了 8000 平方千米的地下水漏斗区。

地下漏斗使得地下静压力失去平衡，导致上覆岩层下沉。全国有上海、江苏、浙江、天津、河北等 16 个省、直辖市的 46 个城市明显产生地面沉降。其中上海、天津最为突出。上海、辽宁、山东等地沿海地市，因为过量开采地下水导致咸水入侵，严重影响到工业用水和居民用水。

4.3.3 城市发展与地质灾害

城市人口集中、工商业发达，通常是周围地区的政治、经济、文化中心，是人类经济和社会活动最集中的地区。随着社会的进步和科技的发展，城市人口迅速增加，城市化进程不断加快，城市规模不断扩大，而城市地质环境所承受的压力与日俱增。

城市是一个流量大、密度高、容量大的开放系统。与自然生态系统相反，城市生态系统呈倒“金字塔”。它所需求的大部分能量和物质需要从其他系统人为地输入，同时，城市人类在生产、生活中所产生的大量废物，不能完全地分解和再利用，必须输送到其他生态系统中去。

水是生命的摇篮，水资源是城市的生命线。城市的起源、生存和发展都离不开水。然而，城市面临各种水资源问题。由建筑物、街道、停车场等构成了不能渗透的地面，无法通过正常的渗透吸收地表水分。当城市遭受暴雨时，地下入渗很少，雨水很快会变成地表径流进入河道或洼地，形成严重内涝灾害。城市既是用水的集中地，又是污水排放的集中地。城市污水有工业废水和生活污水。随着工业的发展和生活日用品的丰富，越来越多的有机物、重金属、合成化学品进入排放的废水中，使得城市污水成分更加复杂，难以处理。在城市污水处理的效率不足的情况下，未经处理就直接向河湖排放将形成严重的水污染。20 世纪 60 年代，轰动世界的日本水俣病，就是水污染导致的中毒事件。20 世纪 80 年代以来，随着城市化进程加速，水污染问题日渐突出。《中国水资源公报》指出：人口集中、工业化程度高的城市，其下游水体常被污染。污染源是城市生活污水、工业废水、城郊农用化肥和农药，还有受污染的大气降水形成的地表、地下径流。

另外，城市垃圾数量不断增加。城市垃圾在一定条件下会发生物理、化学或生物的转化，对周围环境产生一定的影响，如果处理方法不当，有害物质可通过水、气、土壤、食物链等途径污染环境，进而危害人类的安全。对环境的污染主要包括水体、大气、土壤等三个方面。

（1）水体污染。垃圾进入水体影响水生生物的繁殖和水资源的利用，甚至造成一定水域生物死亡。堆积的废物或垃圾填埋场等，经雨浸淋，其浸出液和滤液也会污染地表水体，影响水生生物、动植物的生长；污水渗入地下，导致地下水的污染。

（2）大气污染。垃圾中的尘粒随风飞扬，臭气四逸，污染大气，这些粉尘进入大气会降低能见度，部分有机化合物产生的恶臭或有毒性气体，甚至可能会暴发传染病。

（3）土壤污染。垃圾堆放需要侵占大量土地。据统计，每堆积 1 万吨城市废弃物，约需要占地 670 平方米。目前，我国每年产生的城市垃圾总量将近 1.5 亿吨，而且垃圾增长率还在不断地攀升。在我国 600 多个城市中，2/3 的大中城市被垃圾包围，1/4 的城市已经没有合适场所堆放垃圾。

4.3.4 矿产开发与地质灾害

矿产在人类社会经济发展中有极其重要的作用。矿山是人类工程活动对地质环境影响最为强烈的场所之一。人类在开发利用矿产资源的同时，也改变或破坏了矿区的自然地质环境。因大规模采矿活动而使矿区自然地质环境发生变异，产生影响人类正常生活和生产的灾害性地质作用或现象，称为矿山地质灾害。

采矿过程中能量交换和物质转移是影响矿山地质环境的主要原因。矿山地质灾害的种类、强度和时空分布特征取决于矿区的地质地理环境、矿床开采方式、选冶工艺等因素。

（1）矿区地面塌陷与地裂缝

全球每年从地下开采的各种矿石（包括煤和石油等）约5.4万吨。此外，加上从矿井中运到地面的各种矸石、废石，数量非常可观，必然形成地下大面积空洞。这将会促使地表变形，造成大面积的地面塌陷与大规模的地裂缝（图4－7）。此外，在地下矿产开采中，由于矿坑的抽水、排水以及矿坑的突水、涌水等，许多矿区产生了岩溶地面塌陷。塌陷不仅仅发生在煤矿矿区，在有色金属、黑色金属、化工及核工业矿山也多有发生。

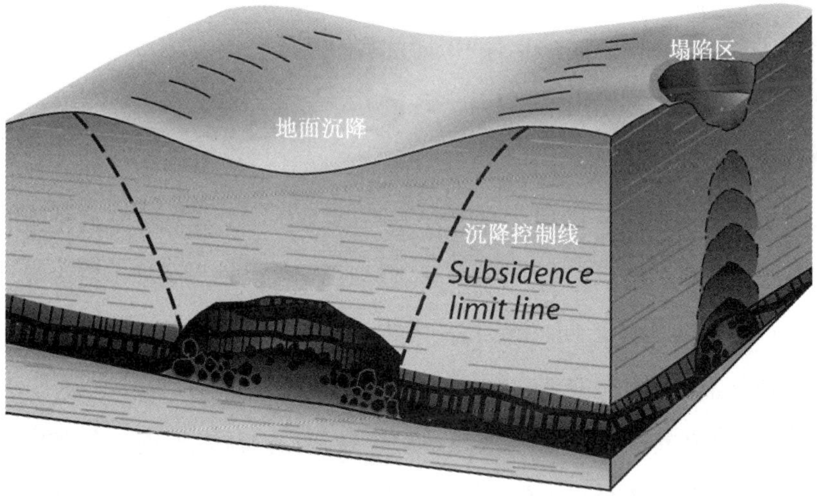

图4－7　采矿引起地面塌陷示意图（据科罗拉多地质调查局修改）

我国的矿山开采中以地下开采为主。其中，92.5%的煤矿都是采用地下开采，占全国所有矿山用地中的67.3%。可见，采用地下开采方式的煤矿所占面积是我国矿山开采面积中最大的。如淮北煤矿，平均每采万吨煤塌陷土地3000～3667平方米。按目前的开采能力，每年约塌陷土地6.7平方千米，到目前为止，淮北煤矿塌陷土地累计为117平方千米。塌陷区不仅改变了区域环境质量，而且使区内居民也无从安置。

矿山塌陷灾害的范围广，具有突发性、累进性和不均匀性等特点，对地面建筑物危害巨大。在城镇建筑物、水坝、桥梁、铁路和公路之下通常是不允许开采固体矿产资料，否则就可能引起地表塌陷，造成各种建筑的破坏和城市基础设施的损坏。

鹤岗煤矿是黑龙江省的四大煤矿之一，经过几十年的不断开采，已形成41.4平方千米采空区、37.72平方千米塌陷区，地形地貌发生明显变化。塌陷区呈南北向条带分布，占矿区总面积的20.5%。塌陷坑的形状多数为椭圆形，深度1～10米，最深达30米，长度为20～50米，宽5～30米，面积最大0.5平方千米。地面塌陷给鹤岗市带来一系列严重后果。城市的基础设施、建筑物、耕地都受到严重威胁。如房屋倾斜、开裂和下沉，良田被毁，铁路扭坏，城市供水、煤气管道开裂等。严重影响了居民的生产生活，并时刻威胁着人们的生命安全。例如，1989年9月，新一矿以东采空区3处塌陷，造成公路交通中断1周，同时新一百货商店整体沉入塌坑内。同年9月10日，东山区某公司办公室突然塌陷，正在开会的3名同志当即身亡。

（2）矿震

采矿所诱发的地震，出现在我国许多矿山当中，已成为矿山主要的问题之一。它包括由采矿和抽水采矿引起的构造性地震、塌陷地震和冲击地压等三类。

采矿形成的空区改变了地下岩体的应力、重力分布，抽水、采矿还改变了地下水压力的分布，诱发构造地震的发生。

采空区的塌陷形成的塌陷型地震是矿区最常见的诱发地震。在1956～1980年，山西省大同煤矿因顶板塌落而产生的有感地震达40多次，最大震级3.4级。

冲击地压，也称岩爆，指井巷或工作面周围岩体，由于弹性变形能的瞬时释放而产生突然剧烈破坏的动力现象，常伴有煤岩体抛出、巨响及气浪等现象。它具有很大的破坏性，对矿山安全生产的危害性极大，是世界深层采矿作业中难以控制的现象之一。2011年11月3日19时18分，义马煤业集团股份有限公司千秋煤矿发生重大冲击地压事故，造成10人死亡、64人受伤，直接经济损失2748.48万元。

世界上有记载的最大的矿震是德国东部钾碱矿区1975年发生的5.2级矿震。我国已有门头沟、辽源、大同、北票、抚顺等矿区的55个以上的煤矿发生过矿震。例如，抚顺矿区现在每年发生矿震达3000～4500次，最大震级为3.3级；门头沟矿自1947年首次发生3.8级矿震以来，随着开采深度的不断增加，矿震频次和能量均显著增加，最大震级为4.2级，北京市部分地区均有明显震感。

（3）瓦斯爆炸

瓦斯爆炸的条件：①瓦斯浓度。瓦斯爆炸有一定的浓度范围，我们把在空气中瓦斯遇火后能引起爆炸的浓度范围称为瓦斯爆炸界限。瓦斯爆炸界限为5%～16%。②引火温度。瓦斯的引火温度，即点燃瓦斯的最低温度。一般认为，瓦斯的引火温度为650～750℃。③氧气的浓度。实践证明：空气中的氧气浓度降低时，瓦斯爆炸界限随之缩小。当氧气浓度减少到12%以下时，瓦斯混合气体即失去爆炸性。这一性质对井下密闭的火区有很大影响，在密闭的火区内往往积存大量瓦斯，且有火源存在，但因氧的浓度低，并不会发生爆炸。如果有新鲜空气进入，氧气浓度达到12%以上，就可能发生爆炸。

根据国家安全监管总局的统计，2002年至2005年8月21日，全国煤矿发生29起特别重大事故，死亡1743人，其中瓦斯爆炸事故24起，死亡1578人，事故起数和死亡人数分别占83%和91%，瓦斯爆炸已成为我国煤矿安全的“第一杀手”。如果从新中国成立算起，全国煤矿共发生19起一次死亡百人以上的矿难，死亡3162人，其中15起是瓦斯爆炸事故，死亡2140人，所占比例分别为79%和68%。

另外，露天矿山的开发占领大量的耕地，严重破坏了植被和山坡上体，产生的废石、废渣等物质，极易造成矿山地区水污染和水土流失。采矿活动抽水疏干破坏了当地地下水循环系统，引发地面沉降、矿井突水的灾害。

认识地质灾害的关联性，对防灾减灾有十分重大的意义。我们必须用系统的观点，从整体上全面客观地处理各种灾害。面对自然灾害，不同地域、各行各业的人们应该联起手来，共同抵御。对地质灾害不断发生、发展、演变的过程进行深入研究，认识不同灾害链发展规律和演绎过程，认真分析研究并掌握这些规律，采取有效断链措施，才能有效地减少经济损失和人员伤亡。

生命是地壳物质长期演化的必然结果。地质环境的差异影响着人体的发育和健康水平的差异。地方病具有强烈的区域性，一般由地质环境造成。随着科学技术的不断发展和人类对地方病的不断认识，地方病必将会得到更好的预防治疗。

人类的发展离不开地质环境，然而，人类工程活动又带来了许多环境问题。水库蓄水诱发水库地震；矿区开采污染环境，引起地面沉降或塌陷；水资源过度开发引起海水入侵、水污染等问题，这些问题反过来抑制了人类社会的进步。我国在地质环境保护方面，做了大量的工作，取得了显著成绩与防治经验，然而仍然存在经济利益与环境保护的冲突，这是一个必须重视的可持续发展的问题。

5 地质灾害的防治

进入21世纪，地质灾害——地震、海啸、洪水、火山爆发等依然威胁着人类。面对一次次震撼世界的大灾难，人们一次次陷入了深深的思索：如何才能摆脱“天灾”，使人类走向光明的未来。

在防震减灾的实践中，人们逐渐认识到，通过预防、治理、救灾、恢复等多方面的努力，可以起到很好的减灾效果。人们正在建立一套具有测、报、防、抗、救、援等多功能的综合防灾减灾体系，并不断开展多学科、跨学科间的综合研究，加强全社会防灾减灾教育，以期最大限度地减轻地质灾害。

5.1 加强地质灾害科学研究 建立监测预警系统

唐代医学家孙思邈说：“大医医未病之人，中医医欲病之人，下医医已病之人。”联合国前秘书长安南也曾说过：“我们必须从反应的文化转换为预防的文化。预防不但比救助更人道，而且成本也小得多。”这两段精辟的文字说明了“预防”在社会生活中的重要性。对于防灾减灾也不例外。

5.1.1 地质灾害监测的主要方法

人们很早就开始了对地质灾害防治的研究，逐步认识到地质灾害的形成有一定的孕育发展过程，对此过程进行监测，就能提供对地质灾害预测、预警、预报、警报、预评估、救灾及治理等方面的基础信息。监测是防灾工作的先导措施之一，更是地质灾害预防工作的关键性技术措施。

监测技术目前有以下几类：

（1）宏观观测法。所谓宏观地质观测法，是用常规地质调查方法，对崩塌、滑坡、泥石流灾害体的宏观变形迹象和与其有关的各种异常现象进行定期的观测、记录，以便随时掌握崩塌、滑坡的变形动态及发展趋势，达到科学预报的目的。

该方法具有直观性、动态性、适应性、实用性强的特点，不仅适用于各种类型崩滑体不同变形阶段的监测，而且监测内容丰富、面广，获取的前兆信息直观可靠，可信度高。其方法简易经济，便于掌握和普及推广应用。宏观地质观测法可提供崩塌滑坡短临预报的可靠信息，即使是采用先进的仪表观测及自动遥测方法监测崩滑体的变形，该方法仍然是不可缺少的。

一般情况下，突发性灾害很难捕捉到斜坡体上的短暂瞬时宏观变形形迹和其他异变现象；而累进性灾害在一定时段内的斜坡体上均有明显的宏观变形形迹及其他异变现象，这些宏观变形形迹及异变现象称之为灾害前兆信息。准确捕捉这些信息并进行动态综合分析，对灾害的防治和预测预报、减灾防灾有重要的意义。

火山爆发前的地下岩浆活动，会产生地应力，使地面起伏有所改变。例如，阿拉斯加卡特迈火山于1912年爆发前，周围甚至远距十几千米以外，突然出现许多地裂缝，冒出气体、喷出灰沙。1978年，吉布提阿法尔三角区的阿尔杜科巴火山爆发前，突然出现高达百米的突起。1979年，圣海伦斯火山爆发前，在北坡出现一个圆丘。到1980年，圆丘的高度迅速增长，最快时每天增高45厘米，终于在当年5月18日从这个圆丘突破，发生大爆发。但在冰岛克拉夫拉火山1980年10月爆发前，地面却发生沉降，这也与岩浆运移有关。许多高大的火山常年处于雪线以上，爆发前由于岩浆活动、地温升高，火山上的冰雪融化预示将要爆发。如圣海伦斯、科托帕克希、鲁伊斯等火山均有此现象，融化的雪水甚至造成泥石流或山洪暴发。和地震的情况相似，火山爆发前有些动物会表现出烦躁不安的神态。由于岩浆和气体膨胀，尚未冲出火山口时的响声，预告喷发即将来临。不正常的气体增加，也表示火山爆发前某些火山气体已“先行”了。火山喷发前火山附近的水温、地温一般都升高。通过上述迹象的宏观观测，人们就可以预测火山喷发了。

地质灾害的发生通常具有综合前兆，由个别前兆来判别灾害可能会造成误判，带来不良的社会影响。因此，发现某一前兆时，必须尽快查看，迅速做出综合的判定。若同时出现多个前兆时，必须迅速疏散人员，并尽快报告当地主管部门。

（2）简易监测法。地质灾害简易监测，是指借助于简单的测量工具、仪器装置和量测方法，监测灾害体、房屋或构筑物裂缝位移变化的监测方法。该监测方法具有投入快、操作简便、数据直观等特点，既可由专业技术人员作为辅助方法使用，也可由非专业技术人员经培训后使用，是地质灾害群测群防中常用的监测方法。一般常用的监测方法有：

埋桩法。埋桩法适合对崩塌、滑坡体上发生的裂缝进行观测。在斜坡上横跨裂缝两侧埋桩，用钢卷尺测量桩之间的距离，可以了解滑坡变形滑动过程（图5－1）。对于土体裂缝，埋桩不能离裂缝太近。

a　　　　　　　　　　b

图5－1　埋桩法测量滑坡体后缘位移量示意图a和实际测量图b

埋钉法。在建筑物裂缝两侧各钉一颗钉子，通过测量两侧两颗钉子之间的距离变化来判断滑坡的变形滑动（图5－2）。这种方法对于临灾前兆的判断是非常有效的。

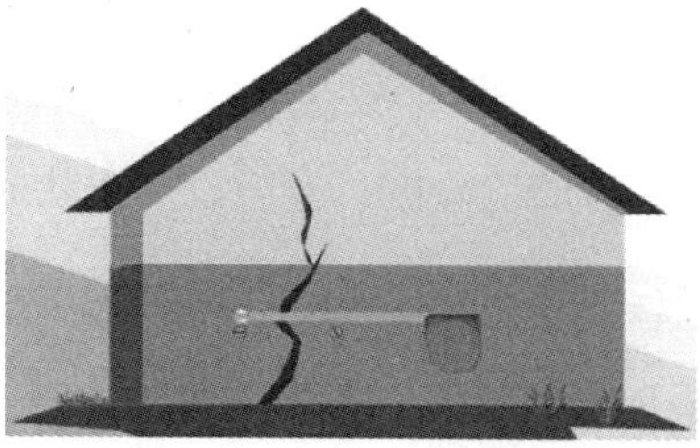

图5－2　埋钉法监测滑坡体变形示意图

上漆法。在建筑物裂缝的两侧用油漆各画上一道标记，与埋钉法原理是相同的，通过测量两侧标记之间的距离来判断裂缝是否扩大（图5－3）。

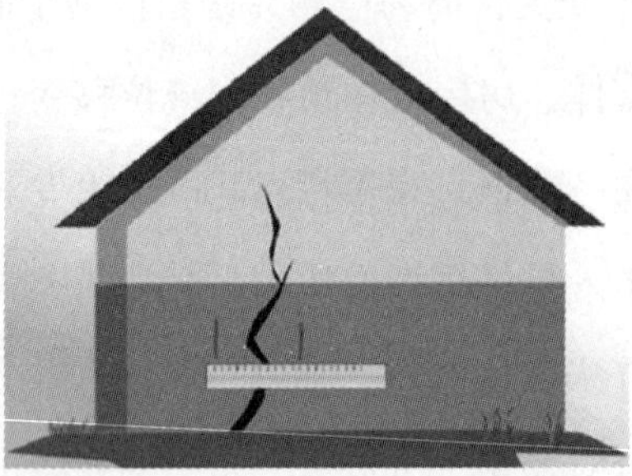

图5－3　上漆法监测滑坡体变形示意图

贴片法。横跨建筑物裂缝粘贴水泥砂浆片或纸片，如果砂浆片或纸片被拉断，说明滑坡发生了明显变形，须严加防范（图5－4）。与上面三种方法相比，这种方法不能获得具体数据，但可以非常直接地判断滑坡的突然变化情况。

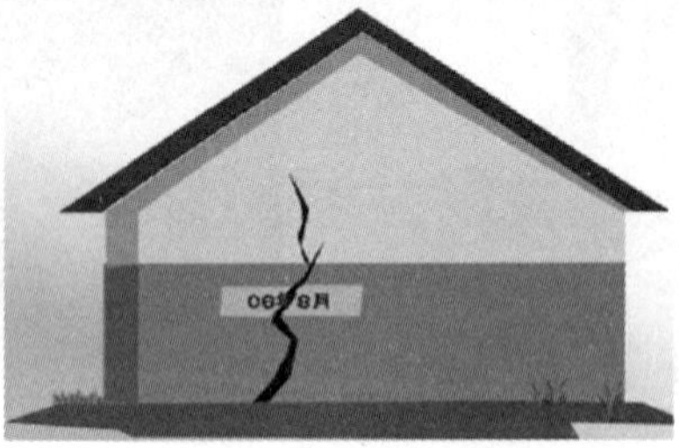

图5－4　贴片法监测滑坡体变形示意图

除了上述方法，还可以借助简易、快捷、实用、易于掌握的位移、地声、雨量等，利用预警装置和简单的声、光、电警报信号发生装置，来提高预警的准确性和临灾的快速反应能力。

（3）测量法。是利用精确测量技术、全球定位系统测量技术和近景摄影技术等，对可能造成严重地质灾害的危险区，专门设立线状或网状分布的变形观测点来捕捉大地变形信息并进行动态综合分析这些前兆信息（图5－5）。

（4）专用仪器法。采用专用仪器设备，如自动地面、地下测斜拉伸仪，电感电阻位移计，应力应变测量仪、雷达、声波等探测仪等，对地质灾害进行监测。

记录地震的仪器叫地震仪，专门从事地震观测的台站叫地震台或测震台。早

图 5－5　GPS 监测地表形变

在 1800 多年前，我国科学家张衡发明制造了世界上第一台测定地震方位的仪器——候风地动仪（图 5－6）。张衡将候风地动仪安置在都城洛阳的灵台。起初，满朝文武都不相信这台地动仪能测出地震。

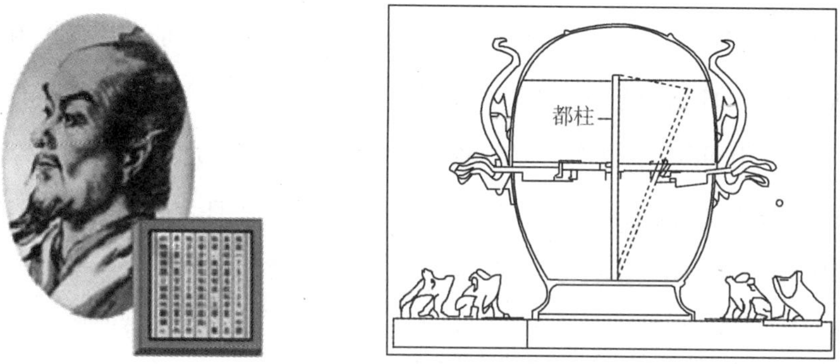

图 5－6　张衡与其设计的候风地动仪结构模型

138 年 3 月 1 日（汉永和三年二月初三），突然，地动仪朝向西北方向的钢球落了下来，掉进仪器下面的蟾蜍口里。可是，洛阳居民谁也没有感觉到地震。几天后，陇西驿者日夜奔驰来京师，报告陇西地震，二郡山崩（震级约为 6.5 级）。陇西正好在洛阳的西北方向。在事实面前，大家都不得不承认候风地动仪的灵验，佩服张衡的发明。可惜地动仪已经失传了，现在的地动仪形态是后人根据典籍记载和想象复原的。

现代的地震仪已经采用了最先进的电子技术，具有极高的灵敏度，甚至还有了专门的海底地震仪和深井（钻孔）地震仪。相当一部分地震台站现在已经不需配备专人进行观测，就能自动记录地震信号，通过网络将信号自动传送到接收中心，再由计算机进行自动处理，这叫遥测地震台网。包括四川省在内，我国许多地区都已建成了现代化的遥测地震台网。此外，还有地电、地磁、重力、地形变、地下流体等地震前兆观测台站。

解放前，旧中国只有一个地震台、三个地震工作人员，地震事业极为落后。解放后，新中国的地震事业有了很大的发展。1957 年，四川省第一个地震台——成都地震台，在成都西郊建立。1966 年邢台地震后，在周恩来总理的亲切关怀下，我国的地震事业加快了发展步伐，1971 年成立了国家地震局（现中国地震局），经过近 30 年艰苦卓绝的努力，地震观测台网已具规模。目前，我国已建成了由 1000 多个现代化的地震台（含地方地震台）组成的地震台网，地震观测技术广泛应用了电子、无线电传输和数字化等高新技术，我国 90% 以上地区的地震监测能力提高到 3. 0 级。

火山爆发前常有微震，设置在那里的地震仪能监测到。一般在活动火山的周围均设有地震台。如圣海伦斯火山周围有 13 个，夏威夷基拉韦亚火山周围有 47 个，印尼默拉皮火山周围设 6 个等。圣海伦斯火山在 1980 年 5 月大爆发前，曾监测到每天 3 级地震达 30 次之多；苏弗里埃尔火山在 1978 年 4 月大爆发前，可感地震每小时达 15 次。

5. 1. 2 地质灾害预警技术的应用

广义上的地震灾害预警，一般包括预测、预警、预报、警报四个层次。地震灾害预警是地质灾害预防中各项行动与举措的科学依据和前提条件。地震灾害预警包括地质灾害调查评估、观测监测系统建设与运行、灾害发展趋势分析会商、预警信息传播和适度的准备反应或防治对策等 5 个步骤。

每年汛期（5—9 月），国土资源部都会在中央电视台《天气预报》节目中向公众发布地质灾害预警预报信息，目的是提醒预警区的干部群众防范滑坡、崩塌和泥石流灾害。从时间上讲，按照未来 24 小时内，地质灾害发生的可能性大小，地质灾害预警分为五级，分别为一级，可能性很小；二级，可能性较小；三级，可能性较大（通知监测人员和威胁住户注意）；四级，可能性大（预报阶段，停止外业，各岗位人员到岗待命）；五级，可能性很大（警报阶段，无条件紧急疏散，密切观测）。

地质灾害预警信号为四级，即蓝色、黄色、橙色和红色，分别代表一般、较重、严重和特别严重，如黄色预警，是指未来24小时内发生地质灾害的可能性较大，应及时通知监测人员和受威胁住户注意避险。

地质灾害预警是在地质灾害发生前，对地质灾害可能发生的一个预期，提醒被预警区的干部群众进行防范。但也有的预警是在灾害发生后，通过预先设置的通信系统和播报机制，向邻近的区域发出警报信号的。

2004年，印尼苏门答腊岛附近发生强烈地震引发海啸，90分钟后才抵达印度海岸，如果印度政府能够及时得到信息，完全可以组织当地群众有序撤离，就可能把这场灾难的损失降低。但不幸的是，印度和斯里兰卡都没有加入“太平洋海啸警报中心”，加重了他们本国的损失。尽管大地震发生之后，如何迅速、正确地判断该地震是否会激发海啸仍然是个悬而未决的科学问题，但根据目前的认识水平，仍可通过海啸预警为预防和减轻海啸灾害做出一定的贡献。

海啸预警的物理基础在于地震波传播速度比海啸的传播速度快。地震纵波即P波的传播速度为6~7千米/秒，比海啸的传播速度要快20~30倍。所以地震波要比海啸早到达数十分钟乃至数小时，具体数值取决于震中距和地震波与海啸的传播速度。例如，当震中距为1000千米时，地震纵波大约2.5分钟就可到达，而海啸则要大约1个多小时到达。如果能够利用地震波传播速度与海啸传播速度而形成的时间差，分析远洋先进仪器和地震台网的测定数据，就有可能对该地震是否激发了海啸、海啸的规模有多大做出判断。然后，根据实测水深图、海底地形图及可能遭受海啸袭击的海岸地区的地形地貌特征等相关资料，模拟计算海啸到达海岸的时间及强度，采用现代信息技术将海啸预警信息及时传送给可能遭受海啸袭击的沿海地区的居民，从而迅速组织撤离和应对。

目前，世界最先进的海啸预警系统在太平洋。1965年太平洋海啸预警中心在夏威夷成立，是目前全球唯一的多国海啸预警系统，包括中国、日本、澳大利亚等环绕太平洋的26个国家参与其中。太平洋海啸预警中心主要职能，是收集太平洋海盆的地震波和海潮监测站探测到的信息、交换各国情报、评估能引发海啸的地震，并发布海啸警报。

虽然海啸预警具有可靠的物理基础，也有了成功的范例。但海啸预警如何能够做到不再空喊“狼来了”，仍然是一个难题。以上所述的海啸预警对于“远洋海啸”比较有效，对于近海海啸就难以奏效。因为激发近海海啸的海底地震离海岸很近，海啸传播的时间很短，有时只有几分钟至几十分钟，往往来不及预警，危害严重。2011年3月11日，东日本大地震后，海啸在很短的时间内到达，造成了巨大灾难，但海啸到达我国福建沿海地区时，已是数个小时之后。根据对海啸波高的预测和判断，我国及时发出了海啸蓝色警报。

地震预报是当今世界的一个科学难题，但是强地震预警已经在一些国家和地区推广应用，并获得了很好的减灾效果。通俗地讲，地震预警是指地震已经发生，在严重灾害形成之前发出警告并采取措施和行为。基本技术途径主要是利用地震波和电磁波的传播速度差异。

大地震发生后，靠近震中的地震仪监测到地震波，自动信号处理系统很快分析识别并确认是强烈地震之后，通过预先设置的通信系统和播报机制，向邻近的城市或重要工业设施发出警报信号。因电信号传送速度是每秒30万千米，要比地震波传播速度每秒几千米快得多，这就为被预警的城市或工厂创造了十几秒甚至几十秒的应对时间。收到信号后，预警广播系统向民众告知地震波袭击即将到来，一些重要工业设施自动或手动关闭运转，高速列车减速或停车等。地震预警过程包括了强地震识别、预警信号发送和避险措施实施三个环节。在技术手段充分和设施完备的前提下，可以有效地减轻地震造成的人员伤亡和财产损失。例如，2011年3月11日，日本东北部海域发生9.0级地震，正在转播国会参院决算委员会会议的电视画面突然中断，警报响起，电视屏幕立即切换到专用的地震预警画面，播音员紧急播报地震警报信息：“请小心将要发生的强烈震动。”此时，虽然地震已经发生，但地震波尚未袭击到东京。重复呼叫后，播音员开始播报强震影响区域，并提醒居民安全避震。几十秒后，从电视画面中可以看出会议现场开始晃动。在这次地震中，福岛核电站虽然发生了氢气爆炸，但预警系统使反应堆很快自动停堆，避免了更大灾难。

目前，已经有日本、墨西哥、土耳其以及我国台湾和美国加利福尼亚州等国家和地区建成并投入使用了地震预警系统。我国于2010年开始地震预警系统的技术攻关。一些新建的重大交通工程，也在积极推进地震预警和紧急避险技术系统的研发。

2010年7月，国务院办公厅下发了《关于进一步加强地质灾害防治工作的通知》，要求加强地质灾害隐患巡查和预警预报，及时转移受威胁群众，认真做好排险防治工作，强化应急抢险处置，落实各项防范应对措施，确保人民生命财产安全。2010年8月，“2010年城市地质环境与可持续发展论坛”在同济大学举行，专家指出，我国将在最短时间构建一个以气象、水文、环境等综合因素构成的地质灾害预警系统。

5.1.3 加强地质灾害科学研究

近年来，国家科学技术部、国土资源部及中国地质调查局等部委和单位，在地质灾害的监测、预警和防治领域都投入了相当大的财力、物力和人力，取得了可喜的成绩。完成了全国范围内的以地质灾害为主的1∶50万环境调查，山区县市的1∶10万地质灾害调查，以及重点县市的1∶5万详细地质灾害调查，基本摸清了全国地质灾害隐患情况；建立了重点地区的地质灾害调查及监测预警系统；开展了东部地区地面沉降监测与防治、矿山环境地质调查与整治、建设用地地质灾害危险性评估等系列工作；组织了对地质灾害防治和监测预报的科技攻关，取得可喜成绩。但总的来说，我国地质灾害基础理论和监测、预警及防灾技术研究还比较落后，现行的地质灾害监测、预警和防治工作地区差异明显，离实现全国范围内的系统群测群防、为经济建设和人民群众安居乐业保驾护航、全面减灾防灾的目标还有很长的一段距离。因此，加大对地质灾害基础理论和方法技术的研究力度，利用新的技术和方法，加强地质灾害监测、预警和防治的科技攻关依然是落实防灾减灾战略的首要工作。

（1）研究地质灾害监测新技术、新方法，研制新设备和新仪器

利用现代测量技术、电子技术、计算机技术飞速发展的最新成果，重点研制

高精度、大量程、低功耗、数字化、智能化、集成化的监测仪器。要不断提高仪器的长期可靠性、抗老化和抗干扰的能力，适应野外电闪雷鸣、风霜雪雨、日晒夜露等恶劣环境，延长仪器的使用寿命，尽量减少仪器的日常维护工作成本。在数据传输和供电方式上要能够满足应急抢险的特殊要求，数据传输可以选择有线传输（有线电话、互联网、局域网）或无线传输（手机、数传电台、卫星通信终端）等灵活的通信方式；在监测设备供电方式方面，尽量采用太阳能电池供电，减少对外部供电和通信条件的依赖，低功耗仪器可以选择干电池供电。还要积极研制和大力推广结构简单、功能单一、价格低廉、操作简便、可靠实用的群测群防监测仪器，提高群测群防工作的技术含量，使群策群防工作逐步从定性化向定量化方面过渡。

（2）加强地质灾害预警预报理论和方法技术的研究

加强与地质、3S 技术、气象、水文等多学科之间的交叉和融合，不断提高预警预报的准确性、实时性和科学性，提高预报预警工作的能力和水平。

（3）加强地质灾害防治技术的研究

在锚固技术、新型抗滑支挡结构、地下排水技术、生物防治技术等方面加强深入研究，制定相应的技术规程和标准，开发配套的施工机具。对地质灾害防治用的材料要大力推广工厂标准化制作、现场组装的新模式，提高防治工程质量，加快施工速度，降低防治工程造价。

（4）开展地质灾害的应急处置和救援技术的研究

许多突发灾害的抢险救援实践经验和教训告诉我们，要在地质灾害发生后最短的时间内进行快速的调查（或勘查），获得地质背景、地形地貌、灾害的范围规模、变形破坏情况、人员伤亡情况、发展趋势等相关资料，为抢险救援决策提供技术支持。在治理手段上要强调一个“快”字，在抢救过程中强调“快”和“准”，需要地质、物探、遥感、钻探等多学科、多工种、多手段协作配合才能达到目的。

5.2 加强地质灾害管理 建立健全减灾工作政策法规体系

5.2.1 落实地质灾害防治的法律法规

地质灾害的防灾减灾不仅需要社会各界的相互协同、互助，更需要有严格的指挥、管理、执行、落实和保障措施。2003 年 11 月 19 日，国务院公布《地质灾害防治条例》（以下简称《条例》），并自 2004 年 3 月 1 日起施行。《条例》在总结多年积累的地质灾害防治工作经验的基础上，确立了三项原则、五项制度和五项措施。

三项原则：

一是“预防为主，避让与治理相结合，全面规划、突出重点”的原则。这个原则的提出是因为地质灾害具有一定的偶然性，又有一定的先兆性，其先兆性是可以被人们捕捉到的，政府和有关部门可以通过这些信息，预报预警地质灾害，或者采取有效措施躲避地质灾害，采取治理措施可以最大限度地减少人员伤亡和财产损失。

二是“自然因素造成的地质灾害，由各级人民政府负责治理；人为因素引发的地质灾害，‘谁引发、谁治理’”的原则。灾害治理投入大，《条例》明确自然灾害治理由各级政府承担，中央政府以及灾害所在地的各级政府，都负有治理的责任。对于人为引发的灾害，不仅是“谁引发、谁治理”；给他人造成损失的，依法承担赔偿责任；构成犯罪的，依法追究刑事责任。

三是“统一管理、分工协作”的原则。《条例》规定，国务院国土资源主管部门负责全国地质灾害防治的组织、协调、指导和监管工作，国务院其他有关部门按照各自的职责负责有关的地质灾害防治工作；县级以上地方人民政府国土资源主管部门负责本行政区域内地质灾害防治的组织、协调、指导和监督工作，县级以上地方人民政府其他有关部门按照各自的职责负责有关的地质灾害防治工作。

防震减灾是防御与减轻地震灾害的简称。经过几十年的实践，我国的防震减灾工作逐渐形成了符合我国国情和适合地震灾害特点的工作内容和思路，已经从单纯采取震后救灾的消极被动状态转变为综合开展震前、震时和震后主动防御和减轻地震灾害的多项活动。根据防震减灾的内涵，工作内容概括为：地震监测预报、地震灾害预防、地震应急救援、地震灾后过渡性安置与恢复重建和地震科学技术研究等。

我国防震减灾工作，实行的“预防为主、防御与救助相结合”的工作方针，是指导各项防震减灾工作和活动的总原则，也是制定各项防震减灾政策必须体现的指导思想。它要求人民政府及其有关部门或者机构在从事防震减灾工作时，既要关注预防为主这个工作重点，同时又要做好防御与救助两个方面的相互结合，也就是说在做好震前防御的同时，还必须实施有效的震后救助，只有这样才能取得最佳的减轻地震灾害的效果。

五项制度：

一是地质灾害调查制度。国务院国土资源主管部门会同国务院建设、水利、铁路、交通等部门结合地质环境状况组织开展全国的地质灾害调查，县级以上人民政府国土资源主管部门会同同级建设、水利、铁路、交通等部门，结合地质环境状况组织开展本行政区域的地质灾害调查。

二是地质灾害预报制度。预报内容包括地质灾害可能发生的时间、地点、成灾范围和影响程度等。地质灾害预报由县级以上人民政府国土资源主管部门会同气象主管部门发布。

三是工程建设地质灾害危险性评估制度。《条例》规定，在地质灾害易发区内进行工程建设，应当在建设项目的可行性研究阶段进行地质灾害危险性评估，并将评估结果作为可行性研究报告的组成部分；可行性研究报告未包含地质灾害危险性评估结果的，不得批准。

四是地质灾害危险性评估和地质灾害防治工程资质管理制度。《条例》规定，凡是从事地质灾害危险性评估和地质灾害防治工程勘查、设计、施工及监理单位，都必须经省级以上国土资源主管部门对其资质条件进行审查，取得相应的资质证书后，方可在资质等级许可范围内从事相应工作。

五是与建设工程配套实施的地质灾害治理工程的“三同时”制度。《条例》规定，经评估认为可能诱发地质灾害或者可能遭受地质灾害危险性的建设工程，应当配套建设地质灾害治理工程。地质灾害治理工程的设计、施工和验收应当与主体工程的设计、施工、验收同时进行。配套的地质灾害治理工程未经验收或者验收不合格，主体工程不得投入生产或者使用。

五项措施：

一是国家建立地质灾害监测网络和预警信息系统。建立地质灾害监测网络是做好地质灾害防治工作的基础和前提，也是预报预警最基本的手段。从我国国情出发，地质灾害监测网络应以群众监测网络为基础、重要城市（城镇）和重点工程建设区专业骨干为重点、群专结合的监测网络。

二是县级以上人民政府要制订突发性地质灾害应急预案并公布实施。编制突发性地质灾害应急预案，是贯彻落实地质灾害防治工作预防为主方针的重要措施。一旦发生灾害或出现险情，应启动应急预案。应急预案的编制和启动也应该符合地质灾害分级分部门管理的原则，即按照特大、大、中、小型突发性地质灾害分别编制和启动国家、省、市、县级地质灾害预案。本条规定充分体现地质灾害救灾工作遵循统一领导、分级管理、分工负责、协调一致的原则，不同级别的灾害发生前后，各级政府及其职能部门各有侧重地应该采取的措施。

三是县级以上地方人民政府要制订年度地质灾害防治方案并公布实施。年度地质灾害防治方案，是对行政区内本年度可能发生的地质灾害，由县级以上地方人民政府国土资源主管部门会同建设、水利、交通、矿产等产业部门，依据地质灾害规划及上年度地质灾害情况，对本年度防治工作做出总体防灾方案。不同级别的防治方案各有侧重，省级防治方案，以区域灾害预报、宏观防灾决策为主，同时兼顾重大地质灾害点防治；市、县级防治方案以掌握的重要地质隐患点防治、减灾措施为主。

四是发生地质灾害险情时，各级人民政府要成立地质灾害抢险救灾指挥机构，统一协调相关部门，指挥和组织地质灾害抢险救灾。抢险救灾机构应当遵循政府统一领导、部门各负其责的原则。地质灾害预警信号发布后，国家机关、社会团体、企业、事业单位应当按照地质灾害应急预案和抢险救灾指挥机构的部署和指挥，组织人员疏散避险、救助遇险人员，采取措施组织人员对电源、水源、气源、热源实施有效管理，排除险情，保障人身、财产安全。为了抢险救灾和维护社会秩序，还可以实行紧急应急措施，如交通管制；对生活必需品和药品统一发放和分配；临时征用房屋、运输工具、通信设备和调配抢险设备、物资等。

五是地质灾害易发区的县、乡、村应当加强地质灾害群测群防工作。汛期前根据地质灾害隐患点的变形趋势，确定地质灾害监测点，落实监测点的防灾预案，发放防灾明白卡和避险明白卡。同时，县、乡、村层层签订地质灾害防治责任状，从县、乡政府的管理责任人一直落实到村（组）和具体监测责任人，形成一级抓一级、层层抓落实的管理格局。

《中华人民共和国突发事件应对法》自2007年11月1日起施行。它是一部规范突发事件的预防与应急准备、监测与预警、应急处置与救援、事后恢复与重建等应对活动的重要法律，对地震和一些突发地质灾害的应急救援工作进行了规范。

《自然灾害救助条例》自2010年9月1日起施行。在地质灾害等自然灾害救助工作实践中，也遇到一些亟待解决的问题，主要是灾害救助准备措施不足，应急响应机制不完善，灾后救助制度缺乏，救助款物监管不严等。这就需要通过制定自然灾害救助方面的法规，规范自然灾害救助工作，保障受灾人员的基本生活。

自然灾害救助工作不仅涉及政府部门，而且需要社会各方面的支持和参与。为了进一步明确政府在自然灾害救助工作中的职责，更好地发挥村委会、居委会以及红十字会、慈善会和公募基金会等社会组织在自然灾害救助工作中的作用，《自然灾害救助条例》规定：自然灾害救助工作实行各级人民政府行政领导负责制，国家减灾委员会负责组织、领导全国自然灾害救助工作，协调开展重大自然灾害救助活动，县级以上地方人民政府或者自然灾害救助应急综合协调机构，组织、协调本行政区域的自然灾害救助工作；县级以上人民政府民政部门负责自然灾害救助工作，县级以上人民政府有关部门按照各自职责做好自然灾害救助相关工作；村委会、居委会以及红十字会、慈善会和公募基金会等社会组织，依法协助政府开展自然灾害救助工作。《自然灾害救助条例》还对地质灾害等自然灾害救助的准备、应急救助、灾后救助、救助款物管理等进行了规范。

5.2.2 健全防震减灾法律法规体系

自新中国成立以后，特别是在1966年邢台地震发生后，国家对防震减灾工作逐渐重视，在周恩来总理的关怀和支持下，于1971年组建了国家地震局，当时虽然形成了一套符合我国国情的地震工作管理体系，并确立了“以预防为主”的地震工作方针，但是没有规范地震工作的法律法规，地震工作主要是开展监测预报，其他方面仅处于探索学习阶段。1976 年唐山地震死伤 40 余万人的灾难，震惊了世界，也推动了我国防震减灾工作向前发展，特别是党的十一届三中全会以后，地震工作开始逐步法制化、规范化。国务院于 1988 年发布了《发布地震预报的规定》。1994 年，国务院发布了《地震监测设施和地震观测环境保护条例》，1995 年发布了《破坏性地震应急条例》。这些条例的出台，虽然对规范防震减灾工作起了很大作用，但都是对已有工作经验的总结和规范，并没有对以后工作的开展起到太多的指导作用。

经过多年的努力，我国建立了一些行之有效的防震减灾工作制度。正是在这样的背景下，1997 年 12 月 29 日，《防震减灾法》在八届人大常委会第二十九次会议上顺利通过，于 1998 年 3 月 1 日起实施。此后，又陆续出台了条例、部门规章等，至此，防震减灾法律体系基本形成。

2008 年以来，可称日臻完善阶段。随着经济社会的发展，《防震减灾法》已明显不能适应形势变化发展的需要，特别是汶川特大地震，更是反映出防震减灾工作的一些新问题，必须对防震减灾法律法规加以完善。因此，十一届全国人大常委会第三次会议上，决定将《防震减灾法（修订草案）》延期审议，认真、全面、客观、准确地总结应对汶川地震灾害的经验教训，对震前、震后出现的新情况新问题进行深入的研究。新的《防震减灾法》是 2008 年 12 月 27 日第十一届全国人大常委会第 6 次会议修订通过的，2009 年 5 月 1 日起实施。

《防震减灾法》是我国第一部防御地震灾害、规范和调整有关社会关系与行为的法律，是防震减灾领域的一部基本法，从防震减灾规划、地震监测预报、地震灾害预防、地震应急救援、地震灾后过渡性安置和恢复重建、防震减灾工作监督管理等方面，对防震减灾工作进行了规范。

国务院先后又颁布了《破坏性地震应急条例》《地震预报管理条例》《地震安全性评价管理条例》《地震监测管理条例》《汶川地震灾后恢复重建条例》5 部行政法规，中国地震局制定了 8 个部门规章，各省、自治区、直辖市到目前为止，颁布了 30 多部防震减灾地方性法规。已形成了由国家法律、行政法规、地方法规、部门规章和地方政府规章组成的防震减灾法规体系基本框架。

5.3 实施防治措施

地质灾害是危害人类安全的自然灾害之一。我国地质构造较复杂，自然地质作用及人类工程经济活动较强烈，地震、崩塌、滑坡、泥石流、地面塌陷、地裂缝及地面沉降等地质灾害较发育。而大多数地质灾害的发生与人类不合理的工程活动有关。在农村，因为住宅选址不当，有的村民用含辛茹苦挣来的钱把房屋建到了不稳定的滑坡体上，建在了易发生崩塌的危岩脚下，或是依泥石流沟谷而建，暴雨来时，被地质灾害恶魔吞噬。因为缺乏地质常识，有些地方在原本危险的斜坡、沟谷中大兴土木，随意切坡开挖、改变河道、弃土堵沟、修建池塘，这往往引发地质灾害。

地质灾害防治是人类发挥自身主观能动性，自觉地采取预防措施，以求力所能及地避免或减轻地质灾害造成的损失，包括工程性预防与非工程性预防两大部分。工程性预防措施是指人们为了防止建（构）筑物在地震时遭受破坏而采取的预防措施，包括选择场地，采取适当的地基处理措施、合理的结构布局与抗震设计演算和构造措施，采用合适的材料，以及严格按抗震设计施工和采取维护保养措施等。非工程性的防御措施主要指各级人民政府及其有关部门或者机构和社会公众依法开展的各项减灾活动，旨在提高防御地震灾害能力，增强社会的防震减灾意识。包括建立健全防震减灾工作体系、编制防震减灾规划、开展防震减灾知识的宣传、抗震救灾资金和物资的适当储备，以及地震灾害保险。

5.3.1 地下搞清楚——地质灾害调查与危险性评估

地质灾害调查主要是将地质灾害体的发育过程及其稳定性认识置于首要地位。调查过程中应尽量收集该区域内水文、气象、地层及岩性资料，并利用简单、易携带的工具和仪器进行大致测量，以此确定地质体的特征、稳定状态和发展趋势，为划分地质灾害分区、论证地质灾害发生的危险性提供依据。通过环境地质调查和地质灾害调查，摸清当地的一些地质环境条件是不是稳定、这个地区是不是有产生地质灾害的可能性，要把这些问题都搞清楚以后再考虑建设的安排。

《中国地震动参数区划图》是为适应中国建设工程抗震设防和国民经济建设需要而编制的地震区划图。该图对国土按照可能遭受地震影响的危险程度进行区域划分，给出了地震动参数区划结果及其技术要素和使用规定。简单地说，就是根据不同地区发生地震可能造成的危害，把我们国家分成了“6 度区，7 度区，8 度区和 9 度区”，相应的不同的区有不同的建房抗震的具体要求。

地震小区划是根据地震区划图及某一区域（场地）范围内的具体场地条件，给出抗震设防要求的详细分布。《中国地震动参数区划图》的图件的比例尺较小，对于某一城市、某一开发区的场地而言，因场地土条件的分布不同，所产生地震动参数的差异未能显示，因此，有必要以大比例尺的形式，在一个城市或开发区范围内详细划分不同抗震设防要求的小区。

我国的一般建设工程要根据地震动参数区划图给出的抗震设防要求进行抗震设防，做过地震小区划的地区要根据小区划结果进行抗震设防。

我们知道，建房时避开地震断层带，就可有效防震。如果我们对活动断层进行了探测工作，在工程建设中，就可以避开活动断层或采取有效措施，从而保证工程建设的安全。我国已知的主要活动断层有 400 余条，目前，仅对其中 40 多条主要活动断层进行过探查，这远远不能满足国家基础建设和防震减灾的需要。因此，我们国家计划用 5 年时间完成中国大陆破坏性地震多发地区和主要活动构造带地震多发地段的 3 大地震构造区（带），即华北地震构造区、南北地震构造带和天山地震构造带 44 条主要活动断层的探测工作。

地质灾害评估是对地质灾害活动程度及破坏损失情况进行评定估算的工作。对于已经发生的地质灾害，地质灾害评估的基本方法和主要内容是调查地质灾害活动规模，统计地质灾害对人口、财产以及资源、环境的破坏程度，核算地质灾害直接经济损失与间接经济损失，评定地质灾害等级。对于有发生可能但尚未发生的地质灾害，地质灾害评估是预测评价地质灾害的可能程度，对此有人称之为地质灾害风险评估或地质灾害风险评价。其基本内容和步骤是：首先分析评价地质灾害活动的危险程度和地质灾害危险区受灾体的可能破坏程度，即地质灾害的危险性评价和灾害区的易损性评价，在此基础上进一步分析预测地质灾害的预期损失，即进行地质灾害的破坏损失评价。地质灾害评估的基本目的是通过单项指标或综合指标定量化反映地质灾害的主要特点和破坏损失程度，为规划、部署和实施地质灾害防治工作提供依据。国务院《地质灾害防治条例》第二十一条规定：在地质灾害易发区内进行工程建设应当在可行性研究阶段进行地质灾害危险性评估，并将评估结果作为可行性研究报告的组成部分；可行性研究报告未包含地质灾害危险性评估结果的，不得批准其可行性研究报告。

建设工程场地地震安全性评价，是根据对建设工程场地周围地震活动与地震地质环境的分析，按照工程设防的风险水准，给出与工程抗震设防要求相应的地震动参数（或地震烈度），以及场地的地震地质灾害预测（评估）结果。

依据《中华人民共和国防震减灾法》，对于重大工程和可能产生严重次生灾害的建设工程，则需通过工程场地地震安全性评价工作结果来确定其抗震设防要求。

5.3.2 工程建设选址

在减轻地质灾害的有效途径中，除开展各种类型的地质灾害预报预警，制订应急预案，做好救灾的人力、物力、财力等准备工作，提高灾后抢险救灾能力外，对城乡建筑物及重要工程的选址是最重要的。

1960年2月29日午夜摩洛哥艾加迪尔发生一次5.8级地震，震中烈度竟达Ⅸ度，使这座位于海滨的风景秀丽、旅游商品中心城市毁于一旦。城市旧区所有建筑物倒塌，新区80%以上的现代化商业旅游建筑毁坏，居民住宅区的房屋几乎全部破坏。地震引起的火灾、海啸等次生灾害，使该城市“雪上加霜”，全城3.3万人，死亡1.2万人，伤1.3万人，伤亡率达70%，经济损失1.2亿美元。一次中强地震造成如此惨重的灾难，主要原因是这个城市场地条件太差，它建在易产生地基失效造成重灾的断层交叉处和松软的河滩上，地基结构松软，不牢固。因该地区长期无震，所以没考虑抗震设防。20世纪50年代后，该地区现代化的一座大楼在海滩上建造起来。选址差又无设防的城市在地震时毁于一旦。

新疆乌恰县的旧城就是建在河床上，由于古河床地层松软，几次强震使该城受到严重破坏，屡毁屡建。1985年的7.4级地震又将该城夷为平地，这才引起人们的重视。在进行地震安全性评价基础上，将该县城移到地基较稳定地带重建。

1996 年 6.4 级地震时，新县城安然无恙。

经过现场考查和对灾害现象进行分析对比研究，一些国内外地质灾害事件，都给我们以启迪。凡是建筑在软弱地基上、断裂带上或附近、沿海岸边、江湖河岸边的建筑物，在突遭大地质灾害袭击时，均造成严重破坏。因此，城镇的规划和建筑物特别是重大建设工程的选址很重要。

实践中总结出城镇选址的原则是：避开地震时可能发生地基失效的松软场地，包括河道、山坡、山谷等，要选择土质结实、地下水埋较深的坚硬场地；对那些无法选择到好的场地而不得不在较差的场地进行规划施工建设时，必须对场地存在的问题进行针对性的处理。对已建好的工程和建筑，要进行处理和加固，使其承受一定强度的地震袭击；在较软弱的地基上进行设计建设时，要注意基础的整体性，防止地震引起动态的和永久性的不均匀变形；在地基稳定的条件下，要考虑结构与地基的振动特性，避免共振影响；不同类型和规模的城市，不同类型和规模的工程建筑，所要求的抗震设防标准不同。城镇总体规划时，还应考虑防止次生灾害，调控工业布局，把不适宜在居住区的工厂逐步外迁。凡是生产和储存易燃易爆物品、毒品、细菌以及放射性物质等易于产生次生灾害的工厂、仓库和货场，必须严格按照有关规定，与居民区保持足够的隔离地带。对于人口密集、商业集中的地区，应限制建造木结构房屋。

总之，要选择地震危险性较小的地区或地段建设城市或工程。具体地讲，就是选择潜在地震危险性较小的地区，选择场地地震反应较小的地段，把好建筑物场址选择关极为重要。

对于新建的城镇和新区、新工程，尽可能避开地质灾害多发区，避开地质构造条件薄弱地带，城市规划要具有抗震防震功能；对开辟的经济特区、居民小区、重要工程、厂矿企业，如无法避开不利地质构造，一定要进行抗震设防，使其具有防御一定强度地震的能力，做到小震不坏、中震可修、大震不倒。对已建成的重要工程、生命线工程和旧房危旧房进行鉴定，维修、加固，使其也能承受一定强度的地震袭击。

对于农村建筑物选址，在突出高耸的山丘上，地震作用会更为突出；在不稳定的山坡边缘，容易产生滑坡和岩石崩塌；在古河道上、古湖泊沉积物上，容易产生沉陷；松软极易产生液化的土层，容易产生砂土液化和软土塌陷，具体的危害是喷砂冒水和地基沉降，严重时会造成地基失效和房屋倒塌；活动断层通过的场地，会因地震活动断层的错动而摧毁位于断层上的一切建筑物（图5－7）。因此，这些地方是不适合建房的。

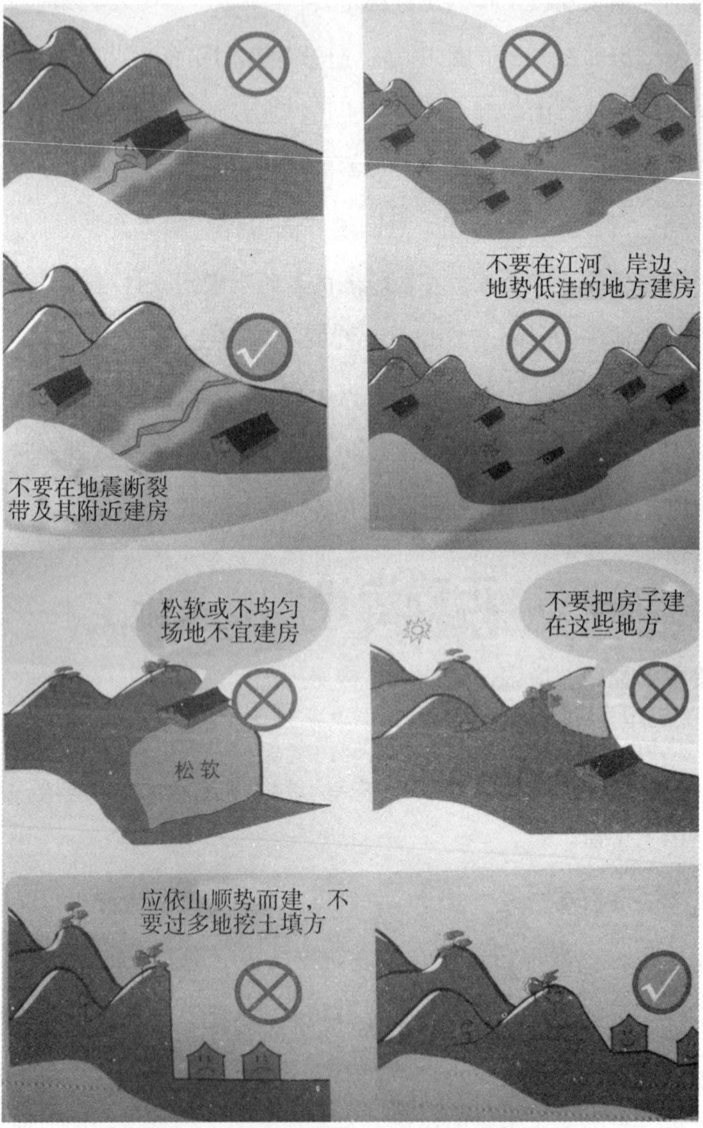

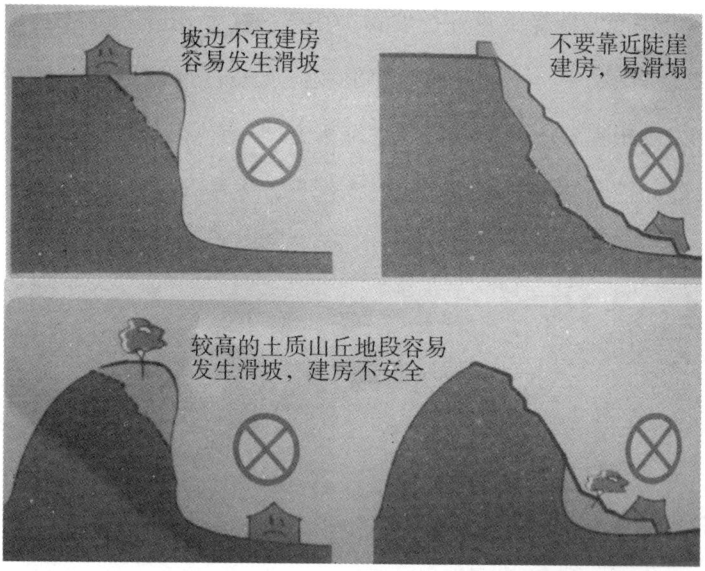

图 5－7 正确选择场地（出自:《农村民居建筑防震抗震知识》）

因此，建议在建筑物建造选址时，最好选择地势平坦、开阔、土层密实、均匀稳定的有利地段。不宜在软弱土层、可液化砂层、河岸、古河道、陡坡、松软场地建房；不应在可能发生滑坡、崩塌、地裂、泥石流及有活动断层通过的危险地段建房。

在 2008 年汶川特大地震中，高原村三组备受世人关注，被称为汶川地震中最“牛”的农村民居。高原村地处汶川地震的极震区内，龙门山中央主干断裂从高原村背后山腰通过，地震时造成的水平错动位移超过 3 米，距离高原村民居直线距离不超过 100 米。在高原村的正前方不到 200 米的二级阶地上，还有一条水平位移和垂直位移都不少于 2 米的次级断裂通过。因处于这样极其恶劣的地质环境中，所以高原村附近的住宅、桥梁及其公共设施等均遭受到了毁灭性破坏，而村中有 38 套民居却完好无损，无一遭受中度以上破坏。选址时合理避让活动断层、严格按 7 度抗震设防设计房屋整体规则，门窗大小适中、合理，地基经过了严格处理，并设置有多道圈梁和构造柱，是成功抵御地震的关键所在。

5.3.3 地质灾害的防治措施

进行工程建设时，也要注意防止地质灾害的发生。

（1）不可在滑坡前缘随意开挖坡脚。在滑坡体上建房、筑路、场地整平、挖沙采石和取土等活动中，不能随意开挖滑坡体坡脚。如果必须开挖且挖方规模较大时，应事先由相关专业部门制订开挖施工方案，并经过专业技术论证和主管部门批准，方能开挖。坡脚开挖后，应根据施工方案和开挖后的实际情况，对边坡进行及时支撑。

图 5－8 滑坡前缘随意开挖坡脚存在危险

（2）不得随意堆弃土石。对岩土工程活动中形成的废石、废土，不能随意顺坡堆放，更不能堆砌在乡镇上方的斜坡地段。当弃土石量较大时，必须设置专门的弃土场。最好的办法是把废石、废土变为可用资源，在整地、造田、修路等需要填土的工程中加以利用。

（3）管理好排水沟渠和蓄水池塘。在滑坡体上布置的引水系统，最好采用管道输水，避免渠道开挖、渠水入渗引发山坡失稳。管道一旦发生漏水时，也比较容易监控。要保证生产生活废水排放系统安全、有效，避免堵塞沟渠和污水渗漏、冲蚀或渗入滑坡体。

山坡凹处降雨形成的积水应及时排干，否则坡体变形时，极易引发池塘拉裂，导致地表水入渗滑坡体内，加剧变形破坏。

（4）注意控制滑坡体上的建筑密度。古老滑坡体在自然状态下具有一定的地质环境容量，随意扩大建筑规模，将可能超过古老滑坡体有限的载重量，导致稳定性降低，引发局部甚至整体的滑动，造成严重的损失。在滑坡体上规划村镇

图5－9 边坡随意堆弃土石存在危险

时，必须按照国家规定的建设用地地质灾害危险性评估程序和工程建设勘察设计程序，请专业人员进行专门的地质工作，并报请政府主管部门审批。

（5）注意改善生态环境。泥石流的产生和活动程度与生态环境质量关系密切。生态环境好的区域，泥石流发生的频度低、影响范围小；生态环境差的区域，泥石流发生的频度高、危害范围大。在山坡实施护坡工程，沟谷中上游提高植被覆盖率，可以明显抑制泥石流的形成；在沟谷下游或乡镇附近营造一定规模的防护林，可以为避免受泥石流危害提供安全屏障。

（6）避免在冲沟内堆放垃圾。在冲沟中堆放垃圾将增加泥石流固体物源，加剧泥石流危险。乡镇人口密度大，产生的生活、生产垃圾多，把垃圾随意堆积在沟谷中，不仅影响新农村环境景观、污染水源，更严重的是增加了产生泥石流或加重泥石流危害的风险。制订科学的垃圾处置方案，在建设过程中同步实施，是新农村规划建设水平的重要指标。

（7）控制房屋建设规模，禁止挤占行洪通道。泥石流堆积区往往地势平坦，常被用作房屋建设用地。应当控制建设规模，特别是在行洪通道中间或边缘，应严格禁止修建房屋。但堆积区被用作建设场地时，应沿两侧地势较低处修建新的行洪通道，避免泥石流直接冲入。

（8）普及防灾减灾知识，提高公众防灾减灾素质。近年来，我国各地普遍重视防灾减灾知识的宣传，但普及率仍然较低，在城市约为20%，农村更低。

就拿地震灾害来说，2008年汶川地震中陕西死了125人，其中相当一部分人是围墙倒塌砸死的。2000年，河南省南阳发生4.7级地震，有一人死亡，是墙倒塌造成的。在多次地震中，也出现了跳楼摔死摔伤的事件，学生疏散踩踏事件也时有发生。这些悲剧说明，应急疏散的知识没有被人们真正掌握。特别是2010年2月山西太原等6个城市，同时发生了大面积地震谣传事件，数十万民众上街避震，社会秩序受到较大影响。有分析认为，此次地震谣言的产生，很可能源自山西对全省地震应急预案实施情况进行的专项检查，很多部门根据预案进行了地震应急演练，导致原本正常的工作检查被部分市民误解。另一方面，2010年1月24日，山西河津发生地震，难免让人们感到恐慌。这说明如何应对地震、对待防震减灾事业等知识，没有被群众真正掌握。

多年经验表明，地质灾害是可以有效防范的，关键是要让基层广大干部、群众了解和掌握地质灾害防治知识，增强临灾自救互救能力。

为了减轻地质灾害给我带来的损失，唤起和维持人们对地质灾害的高度关注，必须进行持之以恒的宣传教育。公民要初步了解地质活动、地壳变化的同时，还要对地质灾害的一些前兆现象有清楚的认识，掌握了这些基础知识，才能培养全社会“防患于未然”的意识。另外，掌握地质灾害发生时的逃生技能和自救互救知识也是十分必要的。发现地质灾害险情或灾情的单位和个人，应当立即向当地人民政府或国土资源等主管部门报告。其他部门或者基层群众组织接到报告，应立即转报当地人民政府或国土资源等主管部门。

5.4 地质灾害群测群防

地质灾害群测群防是相对于重点地质灾害专门性防治而言的。专门性防治，是指由政府或企业专门投入经费，委托专业部门、采用专业技术进行的地质灾害防治工作。由于中国地质灾害类型和数量多、分布广，国家财力有限，所以不可能对所有地质灾害进行全面防治，只能对那些严重威胁城镇、矿区、交通干线、重大工程安全的地质灾害进行重点防治。对一般性地质灾害，则主要通过宣传培训，使当地群众增强减灾意识，掌握防治知识，以当地民众为主体开展的监测、预报、预防工作。群测群防，从字义上解释，就是群众性的预防。“测”包括监测、预测。“防”就是预防、防御。群测群防提法强调两个方面的含义：一是强调群众性，群众性通常是相对于专业机构而言；二是强调工作任务，即监测、预测和防御。总体来说，地质灾害群测群防是具有中国特色的地质灾害防治体系的重要组成部分，为减轻地质灾害、避免人员伤亡和经济损失发挥了重要作用。

5.4.1 地质灾害群防群测体系建设

中国地质灾害点多面广，又多分散在偏远山区，治理难度大，防治任务重。对这些灾害隐患点都进行治理，财力不允许，也不可能，完全依靠专业队伍进行监测，也不现实。做好地质灾害防治工作，必须加强群测群防体系建设。各级地方政府以高度的责任心和使命感，结合实际投入了大量人力、物力和财力，对各类地质灾害隐患进行有效防治，在绝大多数地质灾害多发区建立了群测群防体系，完善了县、乡、村三级防灾体制，走出了一条中国特色的地质灾害防治道路。

地质灾害群策群防系统是由县、乡、村三级网络和群测群防点，以及相关信息传输渠道和必要的管理制度所组成的。这是为预防地质灾害而自觉建立与实施的一种工作体制和减灾行动，是一种针对灾害风险进行自我管理的工作体系。实施地质灾害群测群防的根本目的是抓住减灾时机，实现属地优先和适时高效，具体体现“六个自我”。

（1）自我识别。通过各种宣传和培训等方式，引导公民自觉认识居住生存环境和提高识别地质灾害隐患的能力，及时发现险情和上报。

（2）自我监测。落实县、乡、村基层群众组织的监测责任人和监测人，确定简易监测方法和要求，以定期巡查测量和定期强化监测相结合的方式进行。

（3）自我预报。使用尽可能简单易行的语言或方式（电话、通知、手机短信、警报器、广播、吹号、敲锣等）发布地质灾害预警。

（4）自我防范。训练居民防灾的警觉性、应变能力和心理素质。

（5）自我应急。当发生重大险情时，立即上报当地政府和国土资源主管部门，按照确定的避灾路线进行危险区人员疏散，并做好地质灾害应急处置有关准备工作。

（6）自我救治。一旦发生地质灾害灾情，县、乡、村三级机构自觉地紧急救助，组织灾民自救互救，抓住宝贵时机抗灾救灾，及时组织转移疏散有可能受威胁的人员，安排好灾民的衣、食、行，组织群众开展生产自救，制订防治方案，确保灾区社会稳定。

只有把群测群防体系建设好，地质灾害的专业监测才有依靠，群专结合的地质灾害防治体系才有坚实的基础，提高预报预警和快速反应能力才有前提和条件。那么如何做好群防群测，就需要开展以下工作：

（1）选点定人明责任

选点是选择具有代表性的隐患点，作为监测预警对象。定人是在国土资源部门的指导下，以受灾害隐患点威胁的村民为主要对象，选择责任心强、有一定文化程度的人，作为灾害隐患点的骨干监测员。明责任是对骨干监测人员，分配明确的责任，使一项一项任务落实到人。

（2）宣传普及带培训

进一步加大地质灾害防治知识的宣传、普及力度，充分发挥群众的能动性。险情出现后，一是动员村民有意识地将贵重物品进行寄存，投亲靠友，夜间不得返回居住；二是组织涉灾村民召开地质灾害防治会议；三是观看地灾防治专题片；四是发放普及型地质灾害防治资料。培训是对选定的骨干监测人员，进行地质灾害基本知识、前兆特征、报警、紧急疏散等方面的培训，使监测预报工作做到位。对受训人员填写明白卡，提高他们对减灾的认识和防灾技能。地质灾害知识的宣传普及要做到家喻户晓、妇孺皆知。

（3）三项制度详制定

1）汛期值班制度。建立值班制度，明确值班地点、联系电话，保障通信畅通。分管领导和有关科室负责人 24 小时开通手机，随时保持通信联络。

2）险情巡查制度。骨干监测人员轮流值班，24 小时进行险情巡查。主要观测异常降雨、地面开裂、土体蠕动、树干倾斜、山洪暴涨、动物异常、地响等灾害前兆和诱发因素，同时对点上设置的简易观测装置木桩或钢钉定期进行观测记录。一旦发现前兆或异常情况，立即报警、马上转移群众至安全地带。

3）灾情速报制度。巡查过程中如发现前兆或异常，在第一时间报警，迅速转移群众，并尽快将紧急情况向政府和有关部门报告。

（4）三条措施要保证

1）简易观测措施。在被监测地质灾害点敏感变化部位、地面开裂的两侧采用钢卷尺进行裂距观测（每天 6 时、18 时监测），并做好记录，11 时、20 时将数据交镇长审核签字后报县国土局分析处理，为地质灾害发展趋势的观测预报和防治提供科学决策依据。

2）灾前报警措施。灾害前兆或紧急情况出现后，处于临灾状态时，由报警人不断敲锣鸣警。

3）紧急避让措施。紧急情况出现后，选择附近的安全地带作临时躲避场地，指定两条安全疏导群众的行走路线，发出紧急撤离通知，并明确相关单位有组织、有计划、有条不紊地把涉灾居民、财产撤离陷区，确保人民群众的生命财产安全。

开展地质灾害普查，查清灾点。根据《地质灾害防治条例》规定的地质灾害调查制度，组织开展调查，查清地质灾害的分布发育状况，尽快在全国地质灾害易发区建立完善的地质灾害群测群防体系，有针对性地开展地质灾害预报预警工作。

（5）编制预案，明确群测群防工作程序

国土资源部门要编制本辖区内的群测群防工作内容和程序的突发地质灾害应急预案，并组织实施。加大宣传，提高群众对应急预案的认知度，开展预案演练，确保预案具有可操作性。

（6）建立应急抢救队伍，加大群测群防工作力度

全国地质灾害多发区的县（市），应建立县、乡、村三级群测群防应急抢救队伍，确保群众性的应急抢救工作顺利进行。

（7）加强监测，推进群测群防工作到位

各级国土资源部门要定期或不定期地组织专业人员，充分发动基层组织，对

本辖区的地质灾害进行调查巡查，促进县、乡、村三级群测群防工作开展。

（8）地质灾害防范“明白卡”

根据已圈定的地质灾害危险点、隐患点，由政府部门填制简易卡片，统称“明白卡”（图5－10）。将地质灾害的基本信息、诱发因素、危害人员及财产、预警和撤离方式以及政府责任人等，告知乡长（镇长）和村委会主任以及受灾害隐患威胁的村民，并向村民详细解释具体地质灾害防治内容。

图5－10　“明白卡”

5.4.2　群测群防实例

（1）辽宁海城地震的成功预报

在我国的历史上，曾有过成功预报大地震的奇迹：1975年2月4日19时36分，发生在辽宁海城的大地震被准确预报，辽宁省南部的100多万人及时撤离了他们的住宅和工作地点，仅仅在撤离的两个半小时之后，海城就被7.3级的强烈地震袭击。在6市10县的震区范围内，城镇房屋毁坏508万平方米，农村民房毁坏86.7万间，仅有1328人死亡。成功预报7级以上地震，这在世界上还是第一次。

这就是一条群测群防的经验，正是由于密布在辽南的群测群防网站收集了大量的地震前兆现象，如蛇、鼠、鸡、青蛙等动物的异常及水异常等，并及时汇总到地震专家面前，才使当时的辽宁省地震局和中国地震局做出大地震就在眼前的判断，发出预报，挽救了无数人的生命。

（2）四川省安居石洞中学危岩崩塌的预警

2006 年 1 月 8 日上午 10 时 30 分，四川省安居区石洞镇中学教学楼附近的山体突然发生崩塌，幸运的是这次地质灾害隐患被提前发现并及时预报，没有一人受伤。

安居区国土资源分局局长和分管副局长，按照市国土资源局《关于加强中小学校校区（舍）地质灾害防治工作的通知》的要求，组织地矿、环境工作人员，加强行政区内中小学地质灾害巡查工作。2006 年 1 月 4 日到石洞镇进行巡查，他们得知石洞中学有可能发生地质灾害的信息后，立即赶往隐患现场，组织技术人员进行实地查勘，认为极有可能发生灾害。国土资源分局迅速发布了预警信息，并与石洞中学签订责任书，发放了“地质灾害防灾工作明白卡”和“地质灾害防灾避险明白卡”，将危岩崩塌可能涉及的区域内人员全部撤离，落实了监测责任人，制订了应急预防方案，设置了警戒标志牌，采取了加强监测、禁止学生进入隐患区教室等措施。

2006 年 1 月 8 日，该隐患点果然发生崩塌，但由于预报及时，防灾措施有力，整个教学楼无学生和教师上课，避免了损毁 3 间教室内近 200 名师生的伤亡，也使整个教学楼内的 1035 名师生的生命安全得到了保护。

21 世纪，我国制定了建设和谐社会的目标，其中最重要的是人与自然的和谐。在科学发展观的指导下，既要发展经济，又要重视保护我们的生存环境，加强灾害的预防和治理。近年来，全国各地通过监测预警、地质灾害预报和群测群防，安全转移避免了大量人员伤亡和财产损失。

地质灾害的防治是一项事关人民生命财产的安全和社会经济可持续发展、社会稳定的大事，这项工作的开展不仅需要各级政府加强领导、增大投入，更需要社会公众的大力支持和积极参与。希望本章的内容，有助于提高大家对地质灾害防治的认识，提高公众的防灾减灾意识。

6　沉着应对　远离天灾

我们只有一个地球，地球是人类赖以生存发展的根本，它温和地默默地为我们奉献，但人类有时候会粗暴地、贪婪地索取。请记住，地球也有脾气暴躁的一面，地球一旦发脾气，人类在其面前显得会是那样的渺小和无助。我们应该学着了解地球、理解其发脾气的天性，沉着应对，掌握其规律，顺应其发生、发展的规律，趋利避害，让人类与地球和谐共处，远离灾害。

6.1　了解地质灾害发生的前兆

6.1.1　地震前兆

地震前兆是各类地质活动中最难以辨别和察觉的一种。为什么呢？我们不妨从地震发生的位置说起。目前全球多数破坏性地震发生的深度多在 10 千米以下，多数天然地震震源深度达几十千米，和地震密切相关的活动断层通常长达几百千米。而目前人类最深的钻井仅仅达到万米级别，也就是 10 千米。石油勘探领域应用的 4D 地震获取地下油气运移状态的技术能提供较为精细的地下结构，但其探测区非常有限。并且无论是科学深钻还是石油精细勘探技术，成本都相当高。因此，人类对地球的了解还很浅薄。我们容易发现的前兆现象多数出现在地表以及近地表，在尚未完全搞清楚地下的状况下，总结它们之间的联系自然非常困难。

目前对地震前兆各种现象的总结面临着两大难题，第一类是有震前反应，但并没有总结出有意义的必然关联；第二类是总结出一定的关联性，但对干扰因素的识别尚有不完善之处。

（1）动物异常——一种并未总结出有必然关联的前兆现象

国人印象最深的莫过于2008年汶川地震前发现的一些地区出现了蟾蜍异常活动现象，不少人认为这是一种地震前动物异常的表现。其实至少在公元前373年就有关于动物预测地震的报告了，希腊海利斯（Helice）城被地震摧毁前几天，成群的大鼠、蛇和黄鼠狼逃离城市。虽然这些传闻或许与地震有关，也很吸引眼球，但是一直没有很系统完整的记录。前文写到的“鼠聚朝廷市衢中而鸣，地方屠裂”，也是描述老鼠的异常举动。著名导演冯小刚执导的电影《唐山大地震》，也在开篇加入了铺天盖地的蜻蜓活动的镜头。

2009年4月，英国开放大学生物学家Rachel Grant和同事在意大利对蟾蜍习性进行研究。在研究区附近发生地震前，蟾蜍开始大量撤离，起初她们并不觉得奇怪，因为繁殖季节中蟾蜍是会离开繁殖地的。当追踪这些蟾蜍的活动轨迹后，她们发现在地震前5天，96%的雄性蟾蜍（繁殖地中雄性数目远大于雌性）离开了距离震中74千米的繁殖地点。地震前3天，繁殖地的蟾蜍数量降为零。

目前学者对这种前兆现象的解释众说纷纭，多数人比较倾向于这是动物天性的解释。动物在自然界的生存环境相对人类的要恶劣得多，这使得动物有比人更敏感的嗅觉、听觉、视觉等，使其能察觉到一些地震之前的线索，比如释放出的气体、带电粒子、人耳听不到的低频声波等，并利用这些讯号构成自身的预警系统。动物在大灾前的焦躁等异常现象，历史上有大量的记录，在一些重大气象灾害前，甚至滑坡、泥石流发生前也曾有动物惊恐、焦躁的情况出现。

20世纪70年代，美国地质调查局曾发起过几个关于动物异常反应与地震的研究，很遗憾，结果是“没有找到二者间可信的联系”。动物在震前的异常反应，完全有可能是因为其他影响，例如，天气变化、饥饿，甚至附近开过一辆卡车。相信很多养宠物的读者也都经历过自己的宠物莫名其妙情绪不好的时候。

所以对于动物异常目前的认识是：有一定的可能性，但这其中是否存在有意义的关联，仍然需要积累大量地震之前和之后、长期客观的数据记录。这项研究在“观察—假说—验证”三步里，只走到了第一步。

与动物震前习性异常类似的前兆还有很多，但并未找到明确关联的前兆。例如，气象异常、地光、地面上有异味、地声等。有不少人推论这些是地球内部运动导致的磁性变化、岩石破裂和气体外泄，但这类宏观前兆表现都缺乏十分确凿的科学依据。

另外，前震，即在大震来临之前会有一串的小型地震发生（有些人并不能感觉到），也是一种前兆。有不少学者利用前震活动特征来预报即将来临的大震，但目前大震与前震活动之间还没有绝对的必然联系。

（2）水井异常——备受干扰的前兆

水井的异常主要有发浑、冒泡、变色、变味、突升、突降、井孔变形等。对这些现象也有一定的物理上的解释。

导致井水发浑、冒泡、变色、变味的原因，目前地球物理学上的解释是地下气体外泄。科学家认为地震是地球内部板块、断层活动的结果。地震的发生意味着局部地区断层的破裂。地球物理学家认为在地震发生前，由于应力的积累，有可能会造成局部的小区域发生微小的破裂，导致地球内部的气体外泄，这部分气体经过微小破裂的裂隙上升到含水层，再由自含水层取水的水井外逸出来，产生了井水冒泡现象。又因为地球内部的气体含硫、稀有气体、金属元素等，就会引起变味、变色（图6－1）。

对于突升、突降、井孔变形的原因，目前地球物理学家认为是应力作用导致的。打个比方，一杯饮料，插根吸管，如果用力挤杯子，液体就会从吸管喷出，松开手后，液体又会回到杯子里。水井就好比是插在地球上的吸管，当地下运动时，会对含水层有挤压和拉张的应力作用，就相当于挤压、松开杯子，在宏观表现上就是水井水位的突升、突降。有时候错动的力量会传导到地表或近地表，导致井孔被挤压，产生变形。

对于水井宏观上反应的这些现象，虽然具备一定的物理解释，却面临着诸多的环境干扰以及一些理论上的不完善。例如，城市中使用的水井，一般深度只有几百米，到底是否能被深达几十千米的地震活动所影响，尚不能完全下定论；另外，目前人类的生产生活非常活跃，很多水井水位都在逐年下降，学者通过认真研究发现水位下降的主要原因是地下水过度开采，像这类下降现象我们就不能归为地震前兆。一些农村地区经历了长期的干旱天气，在一场暴雨过后，时常会出现村子里的多口机井有冒泡的现象，但多数原因是由于长期的干旱造成地下水干

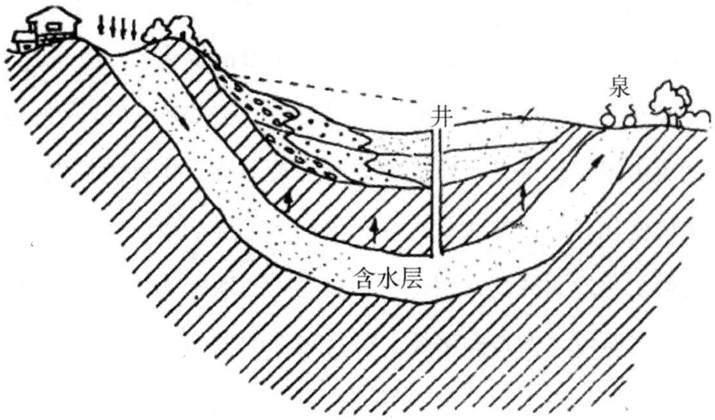

图6－1 水井异常观测示意图（车用太，《地震地下流体学》）

枯，空气渗入地下的裂隙内，暴雨后水从地面流向地下，在水压的作用下，空气需要外泄，宏观的反应就是大量的气体由水井排放出来。这种水井的翻花、冒泡现象也不能作为地震的前兆。

地震作为群灾之首，目前全世界对它的前兆的总结和研究从未停止。尤其是对短期的前兆。但大地震的重复性发生周期都很长，几十年、几百年甚至上千年，地球物理学家对地震的统计样本并不能像气象学家那么丰富，也无法像气象学家一样能通过卫星得到地球的“地下云图”。所以对于很多前兆的认识并不够深入。

6.1.2 火山前兆

火山喷发是一种剧烈的高热岩浆喷射现象。喷发的前提是要有高热的岩浆在地下大量聚集。与火山相关的前兆也多以高温岩浆活动的影响为物理背景。

引起火山喷发需要三个条件：岩浆、通道、动力。所以火山前的前兆有些是巨大的热量引起的，有些是动力作用引起的，我们需要区别对待。当三个条件都具备，火山才有可能喷发。也就是说火山喷前，这些征兆都会一并出现，只不过往往是某一种或几种现象比较突出。

（1）大量热量引起的前兆

岩浆最主要的影响是温度，反应到地表主要表现有喷发地区的植物褪色、枯死以及小动物的行为异常、死亡等。原因是岩浆聚集释放了大量的热量和含硫的气体，导致喷发地区在火山喷发前生态环境急剧变化，植物、动物无法适应突变的环境，大量的死亡。反应到水体主要表现为水温的变化。

岩浆除了高热以外，还会有大量的气体产生。这部分气体内含有大量的硫。全世界著名的火山温泉景区其水质内就含有大量的硫，在火山喷发前，岩浆活动活跃，引起水质变化，并伴随大量有气味的气体外逸。地下的气体膨胀，加上岩浆的活动，还会引起地面隆起，在一些相对脆弱的地方气体会冲破地面，形成喷灰沙的景象。在岩浆流动的过程中还会引起局部的塌陷。这些都是岩浆活动活跃的表现。

对于海拔在雪线以上的火山，在爆发前由于地面温度升高，还会引起火山上的冰雪融化。如圣海伦斯、路伊斯火山，均有这类现象，融化的大量雪水甚至造成了泥石流和山洪暴发。

在火山喷发前火山口冒烟、喷灰，是喷发通道贯通的表现，也是一种前兆现象。

（2）地球内部动力活动引起的前兆

火山喷发的地球动力作用重要标志就是压力增加。地面的隆升、塌陷是地球内部动力和岩浆、热气体共同作用的表现。而火山前伴随的地震活动是火山活动增强最直接的表现。如圣海伦斯火山在1980年5月喷发前，曾监测到日均发生3级地震达30多次。火山喷发前，地震最大的特点是除了正常的构造成因造成的地震外，还经常发生低频地震，这类地震是由于岩浆流体特性决定的。另外，地下发出噪声，火山发出隆隆的响声，以及伴随的震动也都是地球动力作用的结果。

6.1.3 滑坡、崩塌和泥石流前兆

将滑坡、泥石流和崩塌这三种地质活动放在一起来讲，是因为这三种地质现象发生的诱因和发生的主体比较类似，灾害发生前的表现有一定的相似之处，很多时候有了水源的补充，滑坡和崩塌极容易演变成泥石流灾害。另外，滑坡、泥石流和崩塌对人类的伤害并不亚于地震和火山喷发。因为这类地质现象相对地震和火山来说发生得更为频繁。怎样能在这类地质灾害发生前察觉到一些前兆，对我们提前避险、自救非常有帮助。滑坡、崩塌和泥石流发生的物理机制已经相对明朗，我们从发展、发生和有利诱因这三方面来介绍前兆。

（1）发展中凸显的前兆

滑坡、崩塌都是岩体、土体出现破裂导致的。所以发展中的破裂体都是值得注意的对象。岩体或土体在破裂（质变）前都会有一定的积累过程（量变），在整体平衡未打破之前，局部的小平衡的打破为我们提供了一些前兆特征：

1）滑坡前缘出现裂缝、土体隆起，与崩塌类似，出现小崩小塌。裂缝和土体隆起是由于滑坡上部大量的重量堆积，向前推挤造成山坡坡底受力增大，如果坡底土质结构较松软，还会出现弧形张开的裂缝。

2）动物凭敏锐的感知能感觉到微破裂、蠕动等信号，导致蚂蚁和老鼠搬家、蛇出洞、狗叫、鸡鸭不回笼等异常举动。

3）在滑坡前缘坡脚，曾经堵塞的泉水复活，或井水、泉水突然干涸，崩塌的底部出现新破裂，有异常气体。这些都是由于岩体内部产生破裂，导致原来的水流被截断，或导致水路疏通、岩体内部气体外逸。

4）针对岩石质地坚硬地区的滑坡和崩塌，有时可以听到摩擦、错动产生的响声。

（2）发生时凸显的前兆

虽然滑坡、崩塌和泥石流的发生都很快，但利用声音、光线传播更快的原理，可以在发生了地质灾害后，通知距离灾害发生位置稍远、下游的地区人员及时采取措施，这样便可减少一定的损失。

1）声音提示。无论是滑坡、崩塌还是泥石流，在发生时都伴随着大量的石块、土块、洪水的剧烈运动，在很远的地方都能听到。如果正处在坡陡的山区，突然听到轰鸣的响声，很可能在附近某地发生了地质灾害。

2）明显的裂缝加剧。在滑坡发生前，滑体的后缘裂缝会出现急剧加长加宽，伴随新裂缝不断产生，滑体后部快速下滑，四周岩土出现松弛、小型坍滑现象。地面裂缝的出现，说明山体已经处于失稳状态，弧形张开裂缝和水平扭动裂缝圈定的范围就是可能发生滑坡的范围，这在视觉上比较容易察觉。如果某处发现此类现象并伴随有之前提到的声音等提示，说明滑坡、崩塌极有可能很快会发生。

3）泥石流的出现比较特别。一般是滑坡和崩塌在水源的促进下形成了泥石流。所以，在暴雨天气下如果发生了滑坡和崩塌，极有可能演化为泥石流。河

(沟)床中的水流突然断流或者水量突然增大并夹杂较多的树木、柴草，是泥石流发生的典型前兆。很可能是上游已经发生滑坡或崩塌，堵塞了河道，后在洪水的作用下形成了泥石流，柴草和树木等较轻的杂物会先于岩石和泥土到达下游。所以在暴雨期间遇到沟谷堵塞时，随意去疏通也是非常危险的，堵塞点随时可能演化为泥石流灾害。

(3) 有利诱因也是一种前兆

为什么泥石流多发生在暴雨时期？为什么采矿区和地质活动活跃地区总发生崩塌、滑坡？因为具备诱发灾害的有利因素。

1) 暴雨。大量的雨水从天而降，可不要小瞧了雨水的力量。水是一种先天的润滑剂，渗入到岩石的裂隙内就像润滑油，让原本粗糙的裂隙变得润滑易于运动。水在裂隙中还会产生孔隙压力，加速裂隙的发展。大量的积水自山上流下会引发山洪。大量有利条件下，崩塌、滑坡发生的概率将大大提高。所以暴雨天无形中增加了地质灾害发生的可能性，也是一种前兆。

2) 过度地开采、开挖。人类过度地开采、开挖造成生态平衡遭到破坏，使稳定的岩石、土体失去原有的平衡（图6-2)。如果不注意施工安全和预防，就可能诱发地质灾害。人类过度地、肆无忌惮地破坏自然环境，是地质灾害发生的前兆。

图6-2 盲目开挖引发地质灾害（漫画作者：王乃玲）

前兆作为一种灾害前的预防、预警，具备一定的实用性。但是前兆也有其局限的地方。很多前兆受环境干扰大，单独一种前兆又不能作为判断的依据。所以对身边发生的前兆，我们首先要足够地重视，但是不能过度地恐慌。科学分析，及时向政府、有关部门汇报情况可以得到更多的支持和帮助。如果身边在同一时间出现了多种前兆，在向相关部门汇报的同时，我们自己也应该提高警惕，通过科学的避险方式自救。

6.2　地质灾害的应急避险

人类在自然面前是渺小的，但是，如果注意培养自己的自救和避险意识，灾难来临时，我们就能提高生存概率。心理素质的培养和应急教育是在各种灾害中最重要的，也是提高生存概率的决定因素。无论遇到任何灾害，在危险来临时能保持镇静，根据自己所处的环境，快速做出反应，而不是惊慌失措，无所适从，对个人免于、减少伤害和灾后生存都具有重要的意义。所以我们应该时刻提醒自己，惊慌是不能解决任何问题的。

具备良好的心理素质除了个人先天因素，更重要的是社会、政府对公民的应急避险教育，所谓养兵千日，用兵一时，只有平时受到良好的教育，具备丰富的避险知识，我们才能在灾害面前临危不乱。不要以为灾害避险的培训是多此一举，四川安县桑枣中学，在2008年汶川地震中全校师生无一伤亡，学校校长叶志平被激动的网友称为“史上最牛校长”。在1分36秒内，2200多名学生、上百名老师紧急疏散而无伤亡的奇迹创造的背后，是每学期一次的全校紧急疏散演习，是周密的安排和一丝不苟的日常演练（图6－3）。

2005年发生在江西瑞昌与九江之间的5.7级地震，在有震感的湖北省阳新、洪湖、蕲春三地学生却在撤离时由于慌乱，造成了踩踏事故，共计72人受伤，其中7人重伤。这三所学校距离地震震中最近的也有70千米，一个中等强度的地震本不会对建筑物造成损伤，也不会造成人员伤亡。

一边是学校教学楼几乎全部摧毁，师生安然无恙；一边是在距震中70千米的安全区，学生慌乱中造成72人受伤的严重事故。从对比中可以看出，灾难来

图6-3 应急避险教育的卡通图

临时具备一定的自救避险意识和保持镇静的重要。

6.2.1 地震来临时的应急避震

地震发生时，身处室内，如感觉晃动很轻，说明震源相对较远，可选择抓紧时间躲在坚实的家具下，或在有条件的情况下快速离开房屋，到户外开阔地，如操场、广场等避难。若没有时间去户外躲避，要就近到坚固的桌子下躲避，保护好头部并牢牢抓住桌子腿。网上曾经流传有“生命三角”区域的自救方法，但美国红十字会灾难教育部根据对加州地震生还者所做的综合统计，地震最危险的伤害并非轰然塌下的屋顶，而是四处乱飞的家什和碎玻璃。人在地震过程中难以移动，移动距离越远，时间越长，在途中受到各种飞起杂物碰击的危险性也就会越大。所以与其在屋内寻找所谓的坚固的“生命三角”区域，不如牢牢记住“伏地、遮挡、手抓牢”（Drop，cover and hold on）的地震避难口诀（图6-4）。

在室内避险时，头部要保护好，口鼻要保护好，远离外墙、阳台以及玻璃门窗。根据大量受伤的案例统计，头部砸伤、烟尘呛闷窒息，以及被地震巨大的能量甩出楼外是导致死亡的主要原因。地震中有可能造成煤气管道破坏，易燃、易

图 6－4 地震避险三步

爆气体逸出，所以震后用电用火要格外小心。

如果在公共场所遇到地震，只要避开高大建筑物和危险物，就近蹲下保护头部即可。如果恰好在体育场、游艺场等人员集中地区，应该就地蹲下保护头部，千万不可惊慌外逃。前文提到的湖北中学的踩踏事件就是因为学生惊慌外逃导致的。在 1989 年 10 月 17 日，美国旧金山发生 7.3 级地震时，市内一个体育馆正在举行棒球比赛，有几千名观众在场观看，地震发生时，所有观众都安静地坐在原来的座位上，秩序井然，没有人惊慌逃生，有效避免了踩踏等意外事故的发生。在公共场所应该特别注意的一点是，尽量避开高大不稳的重物、易碎品、吊灯、吊扇等悬挂物。

如果地震发生时你恰好在交通工具中，最重要的一点是减速，将车停在开阔地，避开电线、变压器、路灯、桥梁。因为地震时会有剧烈的晃动，甚至会有一些路面设施被巨大的能量抛起，待在车内，固定自己的身体会相对安全一些。曾有一些案例，大地震时，人从车内逃出，但是由于剧烈晃动无法移动，反而被地震抛起的汽车或杂物击伤导致死亡。

6.2.2 火山喷发时的应急避险

火山活动位置具有固定性，不像地震的位置在发生前较难预测。某一座火山喷发前除了有一定的异常现象外，火山喷发的位置也相对固定。所以在有明显前兆产生的火山地区，一旦政府部门发布火山喷发的预警，应该尽量远离火山活动地区。

若在火山喷发影响区遇到火山喷发又应该怎么办呢？与电影中描述的不同，

在火山的各种危害中，熔岩其实对生命的威胁最小，因为熔岩的流速比较缓慢，多数情况人可以跑离熔岩流。

火山喷发会产生大量的喷射物和火山灰。喷射物落下将人砸伤，火山灰会导致人眼睛受伤、口鼻堵塞窒息。用坚硬的头盔保护头部可避免被喷射物砸伤。戴上护目镜、面罩能保护眼睛不受到火山灰的伤害。与火灾类似，用一块湿布护住口鼻可以避免窒息。

6.2.3 滑坡、崩塌和泥石流发生时的应急避险

在滑坡、崩塌、泥石流发生前，如果充分重视是可以避免很大一部分灾害发生的，如前文提到的很多预防和加固措施，如果我们能做到定期检查、合理加固大可减少灾害的发生，这是一种主动的避险方式，防患于未然。

在暴雨、大风、暴雪等恶劣天气下，应该尽量避免到容易发生滑坡、崩塌灾害的地区去，处在危险地区的居民应该视情况听从转移要求。如果在灾害前从心理上、设施上都有所准备，在灾害来临时才不至于慌乱。

如果所处地区发生了滑坡，而你正好在滑坡体上，如果行动迅速是能够跑离危险区域的，跑离时注意要向两侧跑，因为滑坡是向下滑动的，向上或向下跑都无法跑离危险区域（图6－5）。

对于无法跑离的高速滑坡，如果滑坡呈整体下滑趋势，可以就近抱住大树等坚固植入地下的物体自救。在1983年3月发生于甘肃省东乡县的高速黄土滑坡中，就有一位幸存者紧抱滑体上一棵大树而生还。

泥石流需要水作为诱发因素，所以多出现于暴雨天气。气象部门也多会在暴雨前对可能发生泥石流的地区进行预警。时常关注所在地区的天气情况对避开泥石流灾害有很大帮助。在暴雨天气时要尽量避免停留在较陡山体的低洼处、河沟处。泥石流由于携带着大量的石块、树木等杂物，在随洪水流下时会产生巨大的轰鸣声，当意识到泥石流要来的时候，应立即采取逃离措施。逃离时注意不能顺河沟方向向上游或下游跑，应向岸边两侧地势较高的山坡跑。并且要寻找基地稳固的高处，避开土质松软、不稳定的斜坡，以免斜坡失衡下滑。要尽量寻找河岸上的树木，抱住树木可以防止被洪水冲走。一旦落水，也不要惊慌，因为泥石流

图6－5 滑坡撤离方向示意图

中含有大量的泥沙，泥石流的承载性比水要好一些。尽量张开四肢、滑动双臂和四肢能减缓下沉的速度，保持头部露在外面保证呼吸畅通，可以在水流速度慢下来后脱困。曾有一位老大娘在暴雨中被泥石流冲走，但她一直将头露在外面，在被冲走了一千多米后成功获救。

所有地质灾害面前的人类都是渺小的，但我们身边也发生了无数奇迹般生还的事例。所有的“奇迹”其实并无多少玄机，正是在恰当的时机采取了恰当的行动让他们得以生存下来。只要我们关心世界对各类天灾研究的科技进展，保持一颗警惕、镇静的心，细心观察我们身边的环境，了解一些应急避险的基本常识，定能远离天灾的伤害。

在地质灾害面前人类是渺小的，但在灾难中也发生了很多人生还的事例。有人说在灾难中幸存下来的人是幸运的，有人说是天意。其实在这背后，并无多少玄机。那些幸运的人，细心想来，无非是在恰当的时机采取了恰当的行动。只要我们保持一颗警惕、镇静的心，细心观察我们身边的环境，关心世界对各类天灾研究的科技进展，定能远离天灾。

结 语

一、地质灾害的研究现状

我国位于亚欧板块和太平洋板块的交界地带，又处在印度洋板块与亚欧板块挤压碰撞的北东边界，构造断裂活动强烈，每年均有不同程度的地质灾害发生。我国是世界上地质灾害最发育、危害最严重的国家之一。滑坡、崩塌、泥石流、地面塌陷、地面沉降和地裂缝灾害在我国31个省（区、市）均有分布，危害十分严重，已经成为阻碍我国社会经济可持续发展和影响社会安定的重要因素之一。

新中国成立以来，各级政府重视地质灾害的严重性，开始在防灾减灾的人才教育、科学研究、政策法规等方面大力投入。科技的日新月异，大大促进了我国在地质灾害研究方面的迅速发展，比如针对不同地质灾害的监测预报、监测预警、防御防治、应急救援等，除了一些科学的工程性措施得到了长足的发展和利用外，非工程性的一些防御措施也得到了很大程度的提高。

二、人类与地质灾害

我们只有一个地球，地球是我们赖以生存的根本。地质灾害是地球自身活动的表现。地质灾害就在我们身边，我们要去认识它、了解它，主动去应对。

认识自然，了解地球。自然是客观存在着、为人类提供基本生存保障的一个环境，同时由于地球本身活跃的构造活动、复杂的地形地表以及季节性的降雨，都可能诱发一次次的地质灾害。但是，地质灾害的发生又有其规律的一面，特定的地点、特定的时间发生某种地质灾害是可以被认识的。如我国的地质灾害就多发区主要分布于西南地区，特别是青藏高原、云贵高原以及四川盆地的过渡地带，是地震、滑坡、泥石流等地质灾害的主要分布区，且每年的7—9月是滑坡和泥石流的多发季节。

尊重自然，科学规划与决策。中国经济飞速发展，单位面积上的资产密度加大了，灾害的经济损失呈上升趋势。地质灾害的发生，除了自然的客观原因导致其发生之外，随着经济发展、社会进步，人类向地球索取资源的力度和速度都在大幅增加，如矿区开发植被破坏。这在一定程度上增加甚或诱发了一些本不该发生或提前发生地质灾害，这样的灾害事例教训惨痛。

人与自然和谐共处，建设美丽中国。人类利用自然，向地球索取资源，以促进经济的繁荣和社会的进步。人类的活动与自然规律是一对互动和互相作用的关系，在我国区域社会经济建设高速发展阶段，人类与地质环境相互作用程度加重导致地质灾害造成的受灾人口和经济损失绝对量是持续上升的。我们应该在认识自然的基础上，掌握其规律，顺应它，改变“人定胜天”的唯心观，以可持续发展观为指导，才能使我们在与自然交互作用的过程中达到和谐共处的目的。避免和减少地质灾害的发生及其给我们带来的重大伤亡和损失。

三、建立健全防灾减灾政策法规，完善地质灾害防范体系，积极应对地质灾害

地质灾害是人类历史上造成人员伤亡，尤其是集中伤亡的一个重要原因。而且，随着社会的发展，财富在城市的快速集中，地质灾害的经济损失并没有随着科技的进步绝对量地减少，反而是在增加，这在近几十年全球的大地震事例中表现明显。因此，积极应对地质灾害，加大对地质灾害规律的研究，加强各项有减灾实效的措施，切实把地质灾害造成的人员伤亡降到最低是防灾减灾的最高目标。

1. 加强地质灾害监测预警研究，发挥高科技在防灾减灾中的效能

在掌握各种地质灾害发生发展规律的基础上，基于3S技术，采用高精度的监测设备，加密、加强各类地质灾害的监测网络的建设，实现24小时不间断“空地”的实施监测，为及时发现灾害隐患、灾情，并及时有效采取救援措施提供科学的决策依据。

近年来，在灾害监测数据基础上发展起来的灾害预警技术也得到了广泛的应

用。为了更好地发挥地质灾害预警技术在防灾减灾中的实效，结合地质灾害之间的互相关联性特点，国土资源部和中国气象局于2003年4月7日签订了《国土资源部和中国气象局联合开展地质灾害气象预报预警工作协议》。根据协议，中国地质环境监测院在国土资源部和中国地质调查局的领导下立即组织力量编制了2003年《全国地质灾害气象预报预警实施方案》。该方案根据引发地质灾害的地质环境条件和气候因素，将全国划分为七个大区、28个预警区。这些新技术的运用在近年来的地质灾害事例中实现了减少人员伤亡的目的。地震灾害的预警技术也在“十一五”开始启动，现在在我国一些地震多发的西部、西南部开始试点运行。

2. 加强地质灾害的科学管理，建立健全防灾减灾工作的政策法规体系

新中国成立以来，尤其是近十几年来，我国针对地质灾害制定了一系列法规条例，如《防震减灾法》《地质灾害防治条例》等。但是对人类活动破坏自然规律，引发地质灾害的惩处，法律法规依据还不是十分全面；对一些地质灾害监测环境和设施的保护，尽管一些行业出台了条例或部门规章，但是在实施过程中遭遇单靠这些部门处置不力的情况时有发生。比如在防震抗震的管理过程中，还是有监管不力或不服监管却得不到相应处罚的现象，甚至出现管和做两张皮，地震主管部门批复的科学参数，在设计部门那里有时候得不到很好的利用。导致管理最终流于形式，造成地震灾害的隐患。

为了部门的、短视的利益，不顾科学规律，大肆甚至是自杀式地掠夺地球资源，产生地质灾害隐患，导致人为地质灾害的数量随经济发展也有所上升。但是由于法律法规的不够健全，使得相关部门付出的代价太小，而不能遏制这类事件的发生。

农村，尤其是边远山区农村，该地区群众建房的选址往往沿河而建，且多是山脚下，这些地方均是滑坡、泥石流地质灾害易发地段；该类地区地质构造往往较为复杂，地震灾害也相对多发，加之经济不发达，群众建房的基本抗震措施不能得到保证，埋下了很大的安全隐患。还有，新中国成立以来，我国对城市建设中的建筑物及重要生命线工程均相继提出了相关的管理制度或办法，也编制了相应的抗震设防标准，而农村在这方面确实空白，这恰恰是历次地震农村房屋遭受

损失惨重的一个更重要的原因。因此，尽快把农村住宅民居从选址到建设等环节纳入社会管理的范围，刻不容缓。

3. 加大防灾减灾的宣传教育，提高公众的减灾意识和自救互救能力

只有让人们了解灾害，认识灾害，掌握必要的自救互救技能，才能有效地提高公众的防灾减灾意识，自觉地、主动地加入到群测群防的大防御体系中来。这就要求我们加大防灾减灾宣传教育的力度，尤其是针对地质灾害多发地区公众的宣传，同时对各级领导干部加强地质灾害相关知识的宣传，引起领导的重视，形成全社会一起抗御地质灾害的良好环境。

随着科技的进步，可以借助的媒体平台也越来越多，手段、方式越来越多，各类地质灾害都得到了或正在得到很好的全方位的宣传。尤其是 2008 年汶川8.0级特大地震后，国家把“5·12”作为全国防灾减灾日以来，宣传周、宣传月也相继在祖国各地开展起来，这对提升我国综合的防灾减灾能力起到了重要的作用。

事实证明，通过采取各种减灾行动，可以实现因灾伤亡人数绝对减少，灾害损失相对社会财富增长的比例持续降低，从而实现控制地质灾害增长的趋势。地质灾害的防治是一项事关人民生命财产安全和社会经济可持续发展、社会稳定的重要工作。该项工作的开展和推进，不仅需要各级政府加强领导、增大投入，更需要全社会公众的大力支持和积极参与，特别是灾害易发地区人民的积极配合。

经济在发展，社会在进步，在科学发展观的指引下，在全面建成小康社会的同时，我们也一定能很好地战胜一次次地质灾害，实现建设美丽中国的伟大梦想。

参考文献

[1] 马建良，王春寿．普通地质学［M］．北京：石油工业出版社，2009：177 - 178.

[2] 刘忠玉．工程地质学［M］．北京：中国电力出版社，2007：183.

[3] 杨天庆．野外生存之旅［M］．兰州：甘肃人民出版社，2009：225.

[4] 金德泽，王成雄，等．泥石流危害与防治．华北水利水电［J］．2009.

[5] 王静爱，等．中国自然灾害时空格局［M］．北京：科学出版社，2006：38.

[6] 张诚．泥石流里的绿洲．科学大观园［J］．2011（02）．

[7] http：//www. chinanews. com

[8] 姜建军．地球与人：母亲与孩子．地质出版社，2002.

[9] 全国地质灾害通报 2005 年 - 2011 年．中华人民共和国国土资源部．

[10] 刘伦华．地质灾害防治技术．地质出版社，2009.

[11] 马志飞．地裂缝：地球上难以愈合的伤口［J］．城市与减灾，2009（3）：39 - 41.

[12] 谢广林．地裂缝．地震出版社，1988.

[13] 齐新国，赵文廷．地裂缝及其灾害防治简要介绍［J］．中国建材资讯．2008（02）．

[14] 武强．山西断陷盆地地裂缝灾害研究．地质出版社，2003.

[15] 王景明．地裂缝及其灾害的理论与应用．陕西科学技术出版社，2000.

[16] 从洪水神话看文明的起源．中国科技教育·理论版，2011（4）．

[17] 谢世俊．洪水．2002（7）．

[18] 徐向阳．普通高等教育“十五”国家级规划教材 水灾害．2006.

[19] 张辉，等．2000 - 2010 年我国洪涝灾害损失综合评估及其成因分析．水利经济，2011（9）．

[20] 李杰卿．不可不知的世界 5000 年灾难记录．2010（3）．

[21] 王占礼. 中国水土流失的成因，威胁及其防治途径.

[22] 党维勤. 水土流失区生态灾害问题的对策及作用 [J]. 陕西农业科学，2008 (4): 124 – 128.

[23] 付文江. 浅议水土流失问题及防治措施 [J]. 环境·安全，2009 (4): 49 – 50.

[24] 孙瞿，许吴东. 论地面沉降的危害性及其防治. 工程科学，2010 (1): 32.

[25] 阎文中. 西安地面沉降成因分析及其防治对策. 中国地质灾害与防治学报，1999 (2).

[26] 国土资源部. 中国地质灾害与防治 [M]. 北京：地质出版社，2003.

[27] 赵婧，程伍群. 我国土地沙漠化防治策略研究. 安徽农业科学.

[28] 安凤生，孙培福，彭志成. 试论土地沙漠化的危害及治理方法. 管理科学.

[29] 夕诚. 灾害链：牵一发而动全球. 科学 24 小时，2010 (11).

[30] 陈祺. 祸从天降，谁为真凶. 自然科学，2012 (11).

[31] 地震·滑坡·泥石流. 中国国土资源报，8 版. http: //www. cgp. gov. cn.

[32] 陈顒. 以地震科技工作者的眼光审视汶川大地震. 科技导报，2008 (10).

[33] 夏敏. 必需微量元素的生理功能. 微量元素与健康研究，2003 (3).

[34] 孙贵范. 我国地方性砷中毒研究进展. 环境与健康 [J]. 2009 (12).

[35] 安冬. 燃煤污染型砷中毒防治措施初探. 中国地方病学 [J]. 1996 (01).

[36] 潘懋. 环境地质学. 高等教育出版社，2003.

[37] 杨马陵，万永芳. 新丰江水库 6.1 级地震的监测、预防、救灾与重建 (1960 ~ 1962). 华南地震，2012 年 B11 期.

[38] 尹喜霖. 采煤塌陷，黑龙江四大煤矿心底的痛. http: //www. cgp. gov. cn.

[39] 蒋金泉. 综放开采矿震的成因及防治对策. 岩石力学与工程学报，2006 年 S1 期.

[40] 瓦斯爆炸已成为我国煤矿安全的“第一杀手”. 新华网.

[41] http: //news. xinhuanet. com/newscenter/2005 – 08/25/content_ 3403834. htm.

[42] 维基百科 http: //en. wikipedia. org/wiki/Main_ Page.

[43] 河南省地质环境监测院. 河南省地质灾害防治手册 [M]，郑州：黄河水利

出版社，2008，36.

[44] Grant, R. A. and Halliday, T. (2010), Predicting the unpredictable; evidence of pre – seismic anticipatory behaviour in the common toad. Journal of Zoology, 281: 263 – 271. doi: 10. 1111/j. 1469 – 7998. 2010. 00700. x.

[45] 陈余道．环境地质学，冶金工业出版社，2004. 07.

后 记

地球这几年似乎发热到了极致，灾害接二连三。中国先后发生了汶川、玉树、雅安大地震，2010 年甘肃舟曲发生特大泥石流，2012 年云南彝良又发生了地震和山体滑坡，这些灾害造成了巨大的财产损失和人员伤亡。频繁的灾害让人喘不过气来，也使人们突然意识到，地质灾害离我们并不远。

我国地域辽阔，地质条件和地理条件十分复杂。地质构造多次遭受地壳强烈变动的影响，新构造运动活动频繁，山地高原丘陵占 70% 左右；气象条件在时间、空间上的差异很大，复杂的自然条件决定了我国是一个地质灾害多发的国家。我国的地质灾害种类多、分布广、影响大，地质灾害所造成的直接经济损失至少占各种自然灾害总损失的四分之一，每年造成的人员伤亡数以千计。

我们所说的地质灾害，是指各种天然的和人为的地质作用对人民生命财产和国家建设事业以及人类的生存发展造成的危害。

地质灾害的形成是致灾地质作用与受灾对象遭遇的结果。没有致灾作用，灾害是无法发生的；而致灾作用遇不到有价值的受灾对象，即造不成损失，也不能成为灾害。致灾作用是主导因素，受灾对象是被动存在的客观对象。

地质灾害的分类有不同的角度与标准，十分复杂。一般按致灾地质作用的性质和发生处所进行划分，常见地质灾害共有 12 类、48 种。它们是：

（1）地壳活动灾害，如地震、火山喷发、断层错动等。

（2）斜坡岩土体运动灾害，如崩塌、滑坡、泥石流等。

（3）地面变形灾害，如地面塌陷、地面沉降、地面开裂（地裂缝）等。

（4）矿山与地下工程灾害，如煤层自燃、洞井塌方、冒顶、偏帮、鼓底、岩爆、高温、突水、瓦斯爆炸等。

（5）城市地质灾害，如建筑地基与基坑变形、垃圾堆积等。

（6）河、湖、水库灾害，如塌岸、淤积、渗漏、浸没、溃决等。

（7）海岸带灾害，如海平面升降、海水入侵、海崖侵蚀、海港淤积、风暴潮等。

（8）海洋地质灾害，如水下滑坡、潮流沙坝、浅层气害等。

（9）特殊岩土灾害，如黄土湿陷、膨胀土胀缩、冻土冻融、沙土液化、淤泥触变化、淤泥触变等。

（10）土地退化灾害，如水土流失，土地沙漠化、盐碱化、潜育化、沼泽化等。

（11）水土污染与地球化学异常灾害，如地下水质污染、农田土地污染、地方病等。

（12）水源枯竭灾害，如河水流失、泉水干涸、地下含水层疏干（地下水位超常下降）等。

致灾地质作用都是在一定的动力诱发（破坏）下发生的。诱发动力有的是天然的，有的是人为的。因此，地质灾害也可按动力成因分为自然地质灾害和人为地质灾害两大类。自然地质灾害发生的地点、规模和频度，受自然地质条件控制，不以人类历史的发展为转移；人为地质灾害受人类工程开发活动制约，常随社会经济发展而日益增多。所以，防止人为地质灾害的发生已成为地质灾害防治的一个重要方面。

地质灾害的发生、发展进程，有的是逐渐完成的，有的具有很强的突然性。因此，又可将地质灾害分为渐变性地质灾害和突发性地质灾害两大类。前者如地面沉降、水土流失、水土污染等；后者如地震、崩塌、滑坡、泥石流、地面塌陷、地下工程灾害等。渐变性地质灾害常有明显前兆，对其防治有较充足的时间，可有预见地进行，其成灾后果一般只造成经济损失，不会出现人员伤亡。突发性地质灾害发生突然，可预见性差，其防治工作常是被动式地应急进行，成灾后果不光是经济损失，也常造成人员伤亡，是地质灾害防治的重点对象。

我国疆域辽阔，影响地质灾害发生的自然地质条件复杂多样，人为工程开发活动的性质和强度因地而异。但地质灾害的统计表明，两者具有较为一致的区域分布规律性。从总体上看，我国大陆地质灾害的发育情况可进行四大区划分，即东部平原沉降区、中部山地崩滑区、西部高原冻土区、北部草原沙漠区。

东部平原沉降区包括大兴安岭—太行山—武夷山一线以东的广大地区。区内地势较平坦，北部以平原为主，南部多低山丘陵，东南邻接海洋。河流水系发达，大部分地区气候温和，雨量充沛，人口密集，交通发达，是我国经济开发程度最高的地区。工、农、矿业开发和城市、交通建设，以及城市地下水开采都极活跃。地质灾害以地面沉降、塌陷、土地退化（平原区的盐碱化、沙漠化、潜育化，丘陵区的水土流失）、河湖淤积及矿山井巷灾害为主，部分山区有崩塌、滑坡、泥石流灾害。华北地区地震也比较多。

中部山地崩滑区包括从晋、陕、陇东的黄土高原经四川盆地到云贵高原这一狭长地带。此区在地势上处于我国西部高原与东部平原的过渡地带，即所谓第二台阶。区内河谷发育，地形切割强烈，大都雨量充沛。北部黄土和中部红色泥质岩层易受侵蚀，南部石灰岩层熔岩发育。在经济开发上也是我国由东部向西推进的过渡地带，人口稠密，水利工程、矿山开发、公路、铁路及城市建设都发展较快，是我国工程活动对自然地质环境扰动破坏最为强烈的地区，地质灾害最为突出。局部岩溶塌陷发育。沿其西缘的中国南北向构造活动带（从横断山脉向北往龙门山至贺兰山一线）和汾渭地堑常有强烈地震发生。

西部高原冻土区包括西藏、青海和川西部分地区。区内大部分为海拔3000米以上的高原，气候寒冷，人烟稀少，经济开发程度甚低。地质灾害几乎全为天然动力类型，以雪崩为主。喜马拉雅山区地震活跃，一些大河谷地有崩塌、滑坡、泥石流发生。

北部草原沙漠区包括新疆、内蒙古伊盟、陕北、宁夏北部和甘肃西部。区内大部分地势平坦，干旱少雨，温差较大，物理风化及风蚀、吹飓强烈。人口稀少，经济开发程度较低。以农牧业和煤、油、气开发为主。主要地质灾害是土地沙化和沙丘移动对工程的掩埋，煤层自燃和矿山井巷灾害，以及河流上游截水引起的下游水源枯竭。新疆西部常发生地震。

对我国危害最大的地质灾害是地震、崩塌、滑坡、泥石流灾害和土地沙漠化灾害，其次为地面变形和矿山井巷灾害。

我国是地震多发国家之一，地震灾害居世界首位。21世纪前9年，我国各类自然灾害造成的死亡人数约10.9万，地震造成8.8万人死亡（不包括在地震中失踪人数）。

我国山体崩塌、滑坡、泥石流灾害，随着山区工程开发活动的增多，有愈演愈烈之势。据粗略统计，全国共有较大型崩塌、滑坡、泥石流灾害易发点7000余处。近十多年来，每年造成近千人死亡，经济损失上百亿元。

水土流失及土地沙漠化、盐碱化、潜育化是危害我国农业生产（减少土地面积，降低土地质量）的主要地质灾害。其中水土流失和土地沙漠化在不断加剧，土地盐碱化和潜育化得到了控制。据统计，这四项地质灾害的致灾损失，每年可达200亿元。

过度抽取地下水引起的地面沉降已在全国平原区的46个城市发生，总的沉降面积近5万平方千米。上海、天津、西安、太原地面的沉降都已经超过1米，造成沿海城市的地面及堤防标高降低，导致地面积水和排水不畅，削弱了防风暴、潮能力，使地基变形、桥梁错断。地面沉降还加剧了某些城市地面开裂的程度，造成的经济损失和社会影响都是巨大的。

岩溶塌陷和地下采空塌陷在我国隐伏岩溶区和大型矿区常有发生，毁坏工矿建筑及农田、交通，估计每年造成的经济损失超过5亿元，并造成人员伤亡。

加强地质环境保护，防治地质灾害，要贯彻“以防为主，防治结合”的方针，建立健全管理体系和法规体系，加强地质灾害的监测，坚持专业队伍与当地群众相结合、技术业务与行政措施并重的原则，在治理大江大河的同时，实施防治地质灾害的工程措施；要大力宣传普及地质灾害防治科学知识，增强全面保护地质环境的意识，最大限度减少地质灾害的发生。

1920 年宁夏海原 8.5 级地震后的固原提督署大门

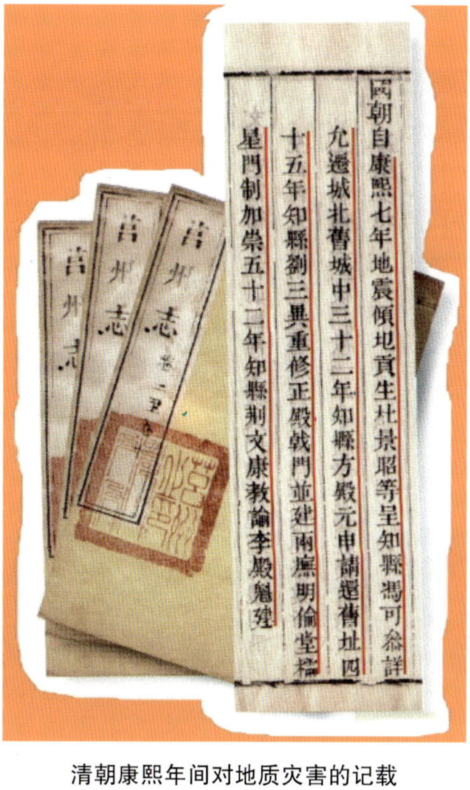

清朝康熙年间对地质灾害的记载

火山喷发后形成的火山坑

地面沉降对道路造成严重破坏

地震引发的海啸

泥石流制造的碎石谷

地质灾害防治宣传工作会议

社区在防震减灾日进行地质灾害群测群防宣传